U0023800
烤。箱一〇〇
鄭燕雪 著

烤箱，廚房的好玩伴。

家裡如果有台烤箱，就像是廚房多了個好玩伴一樣的有趣。
可以天天相伴一起玩耍，為平淡的生活中留下美好的回憶。

不論是美式大烤爐，或是一般家庭用烤箱，如果好好使用，烤箱什麼也能做。

烤箱大致上可以分為下列三種：

迷你小烤箱－適合單身族

此類小烤箱，價錢便宜，體積小不佔空間，單身租屋者或是家裡沒有廚房者最適用。功能簡單、操作方便，可以烤一人份吃的肉類、蔬菜或是焗飯，也可以加熱麵包，小小烤箱只要充分應用，單身者還是可以用烤箱玩出不少好味。

家庭用烤箱
－適合一般家庭以及烘焙初學者

大部分家庭都是此類烤箱，可以烤各式各樣菜肴與點心，普及率最高。此類烤箱附有兩層烤架，可以做多種的應用。但是有些烤箱可以調整上下火，有些則只有一個溫度選擇，使用者仍需依照家庭烤箱實際狀況，調整烤焙時間與控制溫度，讓烤箱內的菜餚或麵包點心烤出最佳狀態。

大型烤箱或是專業用烤箱
－適合家中廚房空間較大與烘焙愛好者

專業型的烤箱空間較大，溫度穩定，功能較多，是最能發揮功能的烤箱，但是價位較高，也需要較大空間。許多喜歡烘焙的烘焙愛好者，會在烘焙功力增加後選擇換用此類烤箱，好讓烘焙成品可以有更好的呈現。家中經常宴客，或是家中經常慶祝節慶時，需要烤全雞或是大塊肉品時，有這類烤箱就會非常得心應手。

作者序　有烤箱，生活天天有樂子！

當編輯和我約時間，
我問她：「這次，要玩些什麼？」

「烤箱什麼都可以做嗎？」她問我。
「當然啦！烤箱是非常好的廚房玩伴喔。」
「那可以不只做烘焙嗎？」她又問我。

我想起家中常有朋友來，我用烤箱烤青醬羊排的事情。
「都可以玩啊。那買些羊排來玩玩吧。我做的青醬很好吃喔。」
「真的嗎？那我想吃。」
我心裡想，那我多買些羊排，這道青醬羊排，就列入清單囉。
「那有可能做到 100 道嗎？」她又問我。

「烤箱 100。」真是個美麗的書名，好，就為了這個，我花了時間試了新菜，想出最適合在廚房玩樂的烤箱食譜，共分為五大類，有招待朋友最優的肉類食譜、最新鮮的海味食譜，最天然卻有味的蔬果食譜，當然，我最愛的麵包類也不可少，還有下午茶可以吃的中西式點心，「烤箱 100」於是成形。

這本書的食材都是最天然健康的，一如我做菜的堅持，要吃的健康，吃的安心，所有的食物在拍攝食譜時，拍完都是可以吃的，我喜歡看到編輯和攝影師吃的很開心，也希望讀者在家裡親自操作時，也能感受到玩的開心、吃的安心。

鄭燕雪

nike

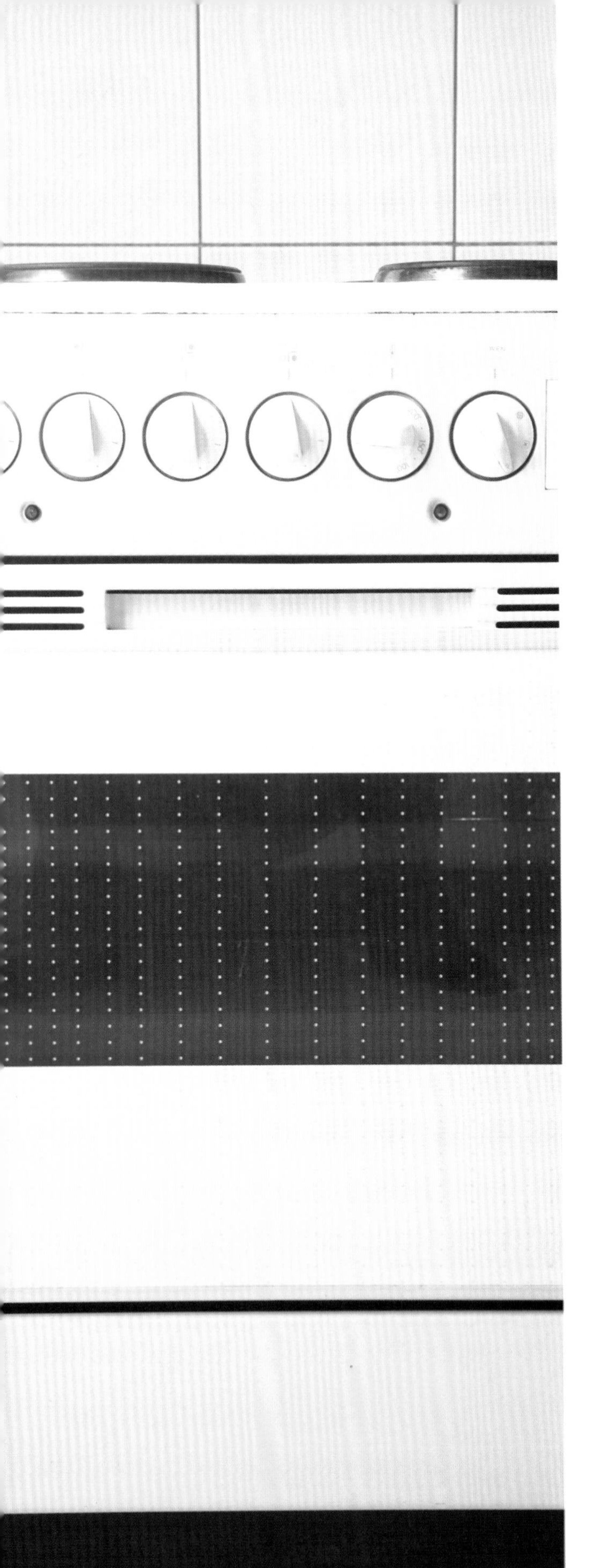

烤箱100

CONTENTS

P32 第二章 海の恵み

來自海洋的新鮮食材。
用烤箱引出豐富滋味。

P48 第三章 肉の魅力

只要簡單佐料醃一下，
烤一下就呈現好口感。

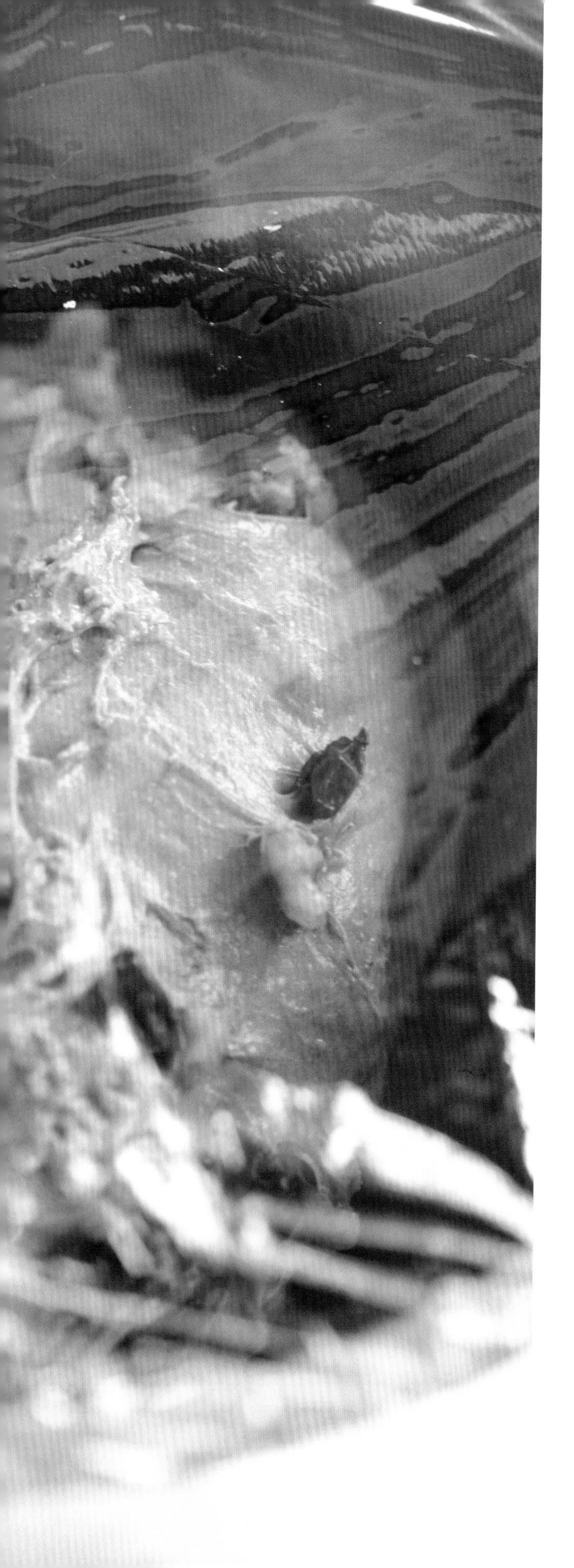

P68 第四章麦の香り

小小的麵糰逐漸發起。
心裡湧現的大大幸福。

P104 第五章 お茶の伴

蛋糕、派、瑪芬與餅乾。
訴說悠閒的午後時光。

第一章 野菜の味

大地的蔬果烤出原味。
醬汁與香草為她添香。

番茄肉醬

野菜の友

紅醬

事先煮好一鍋，蔬果也能輕輕鬆鬆、隨時隨地變身！

材料

牛或豬絞肉 300 克
牛番茄 3 個
大蒜（切碎）1 大匙
洋蔥丁 1/2 個
番茄糊 100 克
迷迭香
月桂葉少許
鹽和胡椒適量
糖少許

做法

起油鍋炒香大蒜和洋蔥丁，加入絞肉炒熟，續炒到水份炒乾。加入切成小丁的番茄略炒，入香草和番茄糊拌炒一下後，加入半杯水和調味料用中小火煮到濃稠熄火放涼。

野菜の味

千層高麗菜

不想吃那麼飽的時候，來點自然的蔬菜吧！馬鈴薯也是另一好選擇～

● 材 料

高麗菜葉 6～8 片、番茄肉醬 6～8 大匙、 披薩起司適量

● 做 法

1 將高麗菜從外層整片剝下來仔細洗乾淨備用。

2 煮一鍋水，加入 1 大匙鹽，將高麗菜燙軟、撈起、瀝乾水份。

3 取一耐烤深盤，先鋪上一大匙肉醬，再放上一層高麗菜，依序將所有材料放入約 6 層，最上面鋪滿一層肉醬後，再灑上一層披薩起司，放入預熱好的烤箱中，以 220℃烤約 20 分鐘。

野菜の味

肉醬麵

在最簡單的食物中尋找單純的感動。

● 材 料

義大利管麵 300 克、番茄肉醬 6 大匙、披薩起司適量

● 做 法

1 燒開一鍋水，加入 1 大匙鹽，將義大利管麵放入煮約 5 分鐘。

2 將煮好的管麵加入肉醬拌勻，倒入耐烤深盤，灑上披薩起司，放入預熱好的烤箱中，以 220℃烤約 15 分鐘。

野菜の味

紅醬焗茄子

魔法紅醬讓不愛茄子的男人和小孩享受紫色鮮味。

● 材 料

茄子 3 個、肉醬 5 大匙 、披薩起司適量

● 做 法

1 茄子洗淨、切約 0.5 公分薄片。

2 取一個耐烤深盤，先鋪上一茄子片，上面再放上一大匙肉醬，依序將所有材料放入約 4 ~ 5 層，最上面再灑上一層披薩起司，放入預熱好的烤箱中，以 200℃烤約 30 分鐘。

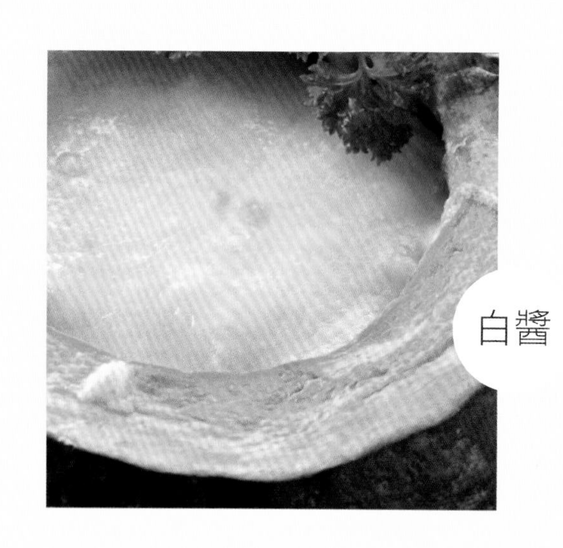

白醬

奶油醬

給自然の味最美麗的妝點。

野菜の友

材料

奶油 50 克
麵粉 50 克
水 250 克
鮮奶 250 克
鹽和胡椒各適量

做法

取一深鍋，放入奶油以小火加熱到融化，再入麵粉，用打蛋器攪拌至勻，加水時候一次一點慢慢加入，邊加水邊攪拌，不要急、慢慢來，直到水加完。水不要加太快，一定要用打蛋器拌攪，否則容易結成顆粒。再將鮮奶加進去煮到濃稠，加入鹽和胡椒調味即可。

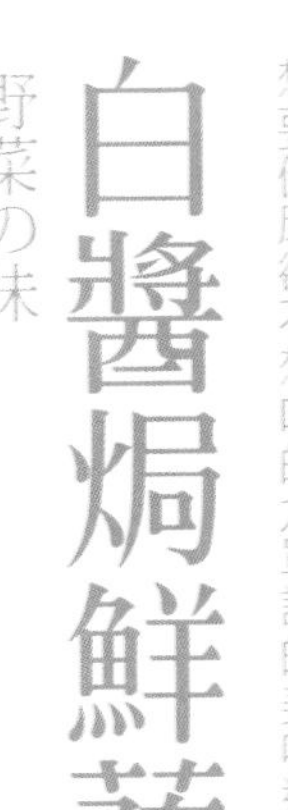

野菜の味

白醬焗鮮蔬

想要健康卻不想吃的太單調的美味選擇。

● 材 料

南瓜 1/4 個、白花椰菜 1/4 棵、綠花椰菜 1/2 顆
蘆筍 1 把、紅椒 1 個、白醬適量

● 做 法

1 將所有蔬菜洗淨、切小塊；煮一鍋水加入 1 大匙鹽，將蔬菜燙軟、撈起、瀝乾水份。

2 將燙好的蔬菜放入白醬中拌勻，入耐烤深盤，放入預熱好的烤箱中，以 220℃烤約 20 分鐘。

野菜の味

海鮮焗飯

● 材 料

白飯 300 克、蛤蠣 200 克、白蝦 10 隻、透抽（小）1 隻
洋蔥 1/4 個（切丁）、紅椒 1/4 個（切丁）、黃椒 1/4 個（切丁）
青椒 1/4 個（切丁）、白醬 6 大匙

● 調味料

橄欖油少許、大蒜 2 瓣（切碎）、鹽小匙、黑胡椒 1 小匙
披薩起司適量、起司粉適量

● 做 法

1 海鮮洗淨，瀝乾水份、蝦子去頭、去殼，留尾端一節的殼，透抽切圈圈。

2 用橄欖油將大蒜碎炒香，下洋蔥丁炒軟，入海鮮炒到香氣散出，將白飯倒入，略微拌炒，再加入白醬和調味料拌炒均勻。

3 將做法 2 倒入耐烤深盤中，上面灑上披薩起司，放入預熱好的烤箱中，以 220℃烤約 25 分鐘。

4 以香草、起司粉和黑胡椒裝飾上桌。

野菜の味

焗鮮菇竹輪

日式竹輪的白醬風情，大地的滋養讓蔬果格外迷人。

● 材 料

鮮香菇 300 克、竹輪 2 個、玉米筍 6 隻、白醬 4 大匙

● 調味料

鹽 1 小匙、橄欖油少許、披薩起司適量

● 做 法

1 香菇洗淨，一切二或切四，竹輪切圈圈，玉米筍切半。

2 用橄欖油將香菇炒軟，加入玉米筍和竹輪和白醬拌勻，再加鹽調味。

3 所有材料入耐烤深盤中，上面灑上披薩起司，放入預熱好的烤箱中，以 220℃烤約 20 分鐘。

野菜の味

香烤花椰

● 材 料

白花椰菜（小棵）1/2 個 、綠花椰菜（小棵）1/2 個
白醬適量

● 調味料

黑胡椒 1/2 小匙、起司粉適量、香草少許

● 做 法

1 綠、白花椰洗淨，切一口大小，再入滾水中燙軟，撈出、濾乾水份。

2 將花椰加白醬拌勻，入耐烤深盤中，放入預熱好的烤箱中，以 220℃烤約 15 分鐘。

野菜の味

南瓜盅

豪邁的用南瓜當容器，將大地與海洋的恩惠全都吃下去。

● 材料

中型南瓜 1 個、蛤蠣 150 克、白蝦 5 隻
透抽（小）1 隻、四季豆 50 克、白醬 5 大匙

● 調味料

鹽 1 小匙

● 做法

1 南瓜洗淨，放入電鍋內蒸熟。從蒂頭下方約 3 公分處切開，用湯匙將南瓜子和瓜囊挖乾淨。

2 將海鮮洗淨、汆燙，加入白醬拌勻。

3 將作法 2 餡料，填回挖空的南瓜裡面，放入預熱好的烤箱中，以 220℃烤約 20 分鐘。

野菜の味

起司焗蛋

● 材 料

水煮蛋 5 個、披薩起司適量

● 調味料

黑胡椒少許、起司粉適量

● 做 法

1. 水煮蛋作法：將蛋洗淨放入深鍋，加水蓋過蛋，再加入鹽 1 小匙和白醋 1 大匙，開中火煮到水滾，再續煮 7～10 分中關火取出蛋放涼。（若煮 5～7 分鐘取出蛋泡冷水，則蛋黃不會全熟）
2. 煮熟水煮蛋切半，灑上披薩起司放入預熱好的烤箱中，以 220℃烤約 15 分鐘，之後灑上起司粉和黑胡椒即可。

野菜の味

香草馬鈴薯

窗外的香草，順手變成了馬鈴薯的好朋友。

● 材 料

馬鈴薯 4 個 、義式綜合香料（或新鮮香草）切碎適量

● 調味料

鹽 1/2 小匙、黑胡椒適量

● 做 法

1 馬鈴薯洗淨，切成四或六等份。

2 加入綜合香料（或新鮮香草）、鹽和胡椒拌勻，放入耐烤的深盤中，放入預熱好的烤箱中，以 220℃烤約 35 分鐘。

比薩

不會做麵皮也沒關係，生活就是要充滿創意與樂趣！

● 材 料

墨西哥餅皮 3 張、蛤蠣 200 克、白蝦 12 隻
透抽（小）1 隻、市售鳳梨片 1/4 罐、紅椒 50 克
黃椒 50 克、青椒 50 克

● 比薩醬汁材料

洋蔥 1/2 個、培根 3 片、牛番茄 3 個、洋菇 50 克
橄欖油少許、鹽、黑胡椒適量

● 比薩醬汁做法

1 洋蔥切小丁，培根切約 1 公分寬，洋菇切薄片。

2 牛番茄在蒂頭的四周，用刀子切刀口，放入滾水燙一下，趁熱剝掉外皮，切小丁。

3 用少許橄欖油將培根炒香，再入洋蔥丁和洋菇片炒軟，再加入番茄略炒，加入少許水熬煮到番茄軟爛熟透，加鹽和胡椒調味，熄火放涼。

● 比薩做法

1 將所有海鮮洗淨、切片燙熟，蔬菜洗乾淨切片。

2 將餅皮攤平，刷上一層醬汁，邊緣留約 1 公分寬不刷，均勻鋪上海鮮和蔬菜材料，上面灑上一層比薩起司（pizza cheese）放入預熱好的烤箱中，以 220℃烤約 15 分鐘。

烤三菇

野菜の味

將大地的香氣全集合在這裡。

● 材 料

新鮮香菇 200 克、金針菇 1 包
袖珍菇 200 克

● 調味料

鹽、黑胡椒適量、奶油 30 克

● 做 法

1 將所有菇類洗乾淨，菇類很容易吸水，水分吸多了就不香，尤其是香菇，清洗時只需要略微沖洗一下就可以了。香菇切對半，袖珍菇大一點的用手撕成兩半。

2 將所以材料放在錫箔紙裡面，加上調味料和奶油，將錫箔紙包密，放入預熱好的烤箱中，以 220℃烤約 25 分鐘。

野菜の味

味噌茄子

黃豆 × 茄子，今天健康滿點！

● 材 料

茄子 2 個

● 調味料

味噌 2 大匙 、味醂 2 大匙

● 做 法

1 味噌和味醂混合拌勻。

2 茄子洗淨、橫切對半，用刀子在切面上畫十字刀痕。

3 將味噌均勻塗抹在茄子上面，放入預熱好的烤箱中，以 220℃烤約 20 分鐘。

野菜の味

起司地瓜

土土的地瓜穿上新潮的起司新衣。

● 材 料

小型地瓜 3 條、起司粉 1/2 杯

● 做 法

1 地瓜洗淨，入電鍋中蒸熟，取出待涼後切對半，用湯匙將瓜肉挖出，外皮留約 0.5 公分厚度。

2 取出的地瓜肉加起司粉拌勻，再填回地瓜內，放入預熱好的烤箱中，以 220℃烤約 15 分鐘。

● 材 料

牛番茄 3 個、洋蔥 1/4 個
培根 3 片、洋香菜（切碎）1 大匙

● 調味料

鹽 1/2 小匙、黑胡椒 1/2 小匙

● 做 法

1 番茄洗淨，從蒂頭下來約 1.5 公分處切開，用湯匙將果肉挖乾淨。

2 炒香洋蔥丁，加入培根炒香，加入鹽和胡椒粉調味。

3 將作法 2 拌好的內餡填回番茄中，放入預熱好的烤箱中，以 220℃烤約 20 分鐘，取出時灑上洋香菜。

廚房中的小小實驗，將洋蔥等蔬果烤到焦甜。

● 材料

小洋蔥 3 個、西洋芹 2 根、紅椒 1 個、西班牙香腸 1 條

● 調味料

黑胡椒粉 1 小匙、鹽 1/2 小匙、橄欖油 1 大匙

● 做法

1 洋蔥去皮切大塊、西洋芹切大段，紅椒切大塊、西班牙香腸切段。

2 將所有材料放入深烤盤，灑上鹽和黑胡椒，淋上橄欖油，以 220℃烤約 25 分鐘，用湯匙攪拌一下再烤 15 分鐘即可。

野菜の味

起司彩椒

彩椒化身為蔬果海鮮珠寶盒，起司讓它更顯誘人。

● 材 料

彩椒 2 個、綠花椰菜 6 朵、豆莢 8 個、透抽（小）1/2 隻
蝦子 8 隻、比薩起司適量

● 調味料

鹽 1/2 小匙、黑胡椒 1/2 小匙、起司粉適量

● 做 法

1 彩椒洗淨，從蒂頭下來約 2 公分處切開，將內部洗淨。花椰、豆莢洗淨、汆燙切小塊備用。

2 蝦子剝殼去腸泥，洗淨，留下裝飾用 4 隻其餘 4 隻切小塊；透抽洗淨、切圈圈；將蝦子和透抽汆燙備用。

3 將所有材料放入彩椒中，4 隻蝦子裝飾於彩椒邊，加上鹽和黑胡椒，灑上比薩起司，以 220℃烤約 25 分鐘，之後再灑上起司粉即可。

第二章

海の恵み

來自海洋的新鮮食材。
用烤箱引出豐富滋味。

海の恵み

鹽焗台灣鯛

保留魚鱗片讓鹽味不過鹹。

● 材 料

台灣鯛魚（吳郭魚）或珍珠斑一隻
（魚鱗不要刮掉）

● 調味料

鹽 1 杯

● 做 法

1 魚去內臟、裡外洗淨，用廚房紙巾擦乾水份。

2 取烤盤鋪上一層錫箔紙，先灑上半杯的鹽，將魚放上，再將剩餘的鹽均勻灑在上面，須將整條魚蓋滿鹽巴。

3 放入預熱好的烤箱中，以 220℃烤約 25 分鐘。

海の恵み

烤墨魚飯

墨魚變成飯食容器，切片再變身為壽司捲。

● 材 料

中型透抽 1 隻、白飯 150 克、紅蘿蔔 1 片（切碎）
青椒 1 塊（切碎）、紅椒 1 塊（切碎）、黃椒 1 塊（切碎）
洋蔥 1 塊（切碎）、比薩起司 1 大匙（或白醬 1 大匙）

● 調味料

鹽 2 小匙、黑胡椒 1 小匙

● 做 法

1 透抽洗淨，將頭部切成碎丁，後汆燙備用。

2 將其餘材料加入調味料拌勻，再加入透抽丁拌勻即成內餡。

3 將做法 2 內餡填入透抽身體中，壓緊實以免產生空隙，封口用牙籤固定。

4 放入預熱好的烤箱中，上層蓋以錫箔紙，以 200℃烤約 25 分鐘。

海の恵み

奶香鮭魚

橙白相間的顏色，還未開動就有好心情。

● 材料

鮭魚 1 片、黑胡椒少許

● 醃料

鹽 1/2 小匙

● 淋醬

軟式起司 100 克、鮮奶油 1/2 杯

● 做法

1 鮭魚洗淨，用鹽醃 20 分鐘。

2 放入預熱好的烤箱中，以 220℃烤約 25 分鐘至表面微焦。

3 製作淋醬：將鮮奶油加熱，再加入起司煮成液狀即成淋醬。

4 將淋醬淋在烤好的鮭魚上，再灑些黑胡椒即可趁熱食用。

海の恵み

照燒魚排

日式照燒海味新吃法。

● 材 料

旗魚或海鱺魚去骨魚肉 2 片、照燒醬適量
炒熟白芝麻適量、檸檬汁少許

● 照燒醬材料

醬油 100 克、味醂 100 克、糖 100 克

● 照燒醬做法

材料放入鍋中煮滾後，關中小火再煮 1 ～ 2 分鐘，關火放涼。

● 做 法

1 魚肉洗乾淨，用廚房紙巾擦乾水分。

2 將魚排放入醬中醃約 10 分鐘。

3 放入預熱好的烤箱中，以 220℃烤約 12 分鐘，食用時灑上白芝麻和檸檬汁即可。

海味極品，讓不敢吃魚頭的人也忍不住大快朵頤。

● 材 料

鮭魚頭 1 個 (或大一點的半個)、檸檬汁 1/2 個

● 醃料

米酒 2 大匙、薑片 3 片 、鹽和胡椒各適量

● 做 法

1 魚頭先請市場魚販片開，之後將魚頭洗淨，用廚房紙巾擦乾水分。

2 將魚頭放入醃料中醃約 20 分鐘。

3 放入預熱好的烤箱中，以 200℃烤約 25 分鐘，食用時擠上少許檸檬汁。

● 材料

蒲燒鰻一條、美生菜或蘿蔓生菜適量、番茄 1/2 顆
烤香芝麻少許

● 準備

醬油 3 大匙 、味醂 3 大匙

● 做法

1 醬汁作法：醬油和味醂先用中火煮開，關小火續煮到濃稠，熄火放涼。

2 番茄洗淨切絲；生菜洗淨，用廚房紙巾擦乾水分，切成一口大小鋪在盤底，再放上番茄絲。

3 蒲燒鰻放入預熱好的烤箱中，以 220℃烤約 10 分鐘，取出切小段放在生菜和番茄上面，淋上少許醬汁灑上炒熟白芝麻即可。

海の恵み

味噌烤魚

一碟味噌魚佐飯一碗，厲害的簡單食法。

● 材 料

旗魚或海鱺魚去骨魚肉 2 片

● 準 備

白味噌 3 大匙、味醂 2 大匙

● 做 法

1 魚肉洗淨，用廚房紙巾擦乾水分。

2 味噌和味醂放入大碗中拌勻，將魚片放入用醬汁蓋滿，醃約 20 分鐘。

3 放入預熱好的烤箱中，以 220℃烤約 15 分鐘。

海の恵み

鮮烤蛤蠣

殼一開，美味開，胃口也大開。

● 材 料

大蛤蠣 300 克

● 調味料

鹽 1/2 杯

● 做 法

1 取一瓷或玻璃烤盤，先灑上 1/4 杯的鹽，將蛤蠣整齊排上，再將剩餘的鹽均勻灑在上面。

2 放入預熱好的烤箱中，以 220℃烤約 15 分鐘，或是蛤蠣開口即可。

海の恵み

虱目魚肚

虱目魚肚脂香味美，這次不用鍋煎少點油脂。

● 材料

虱目魚肚 1 個、鹽 2 小匙

● 調味料

胡椒鹽少許、檸檬 1/4 個

● 做法

1 魚肚洗淨，用廚房紙巾擦乾水分。

2 均勻灑上鹽巴，放入預熱好的烤箱中，以 220℃烤約 15 分鐘，食用時先灑上胡椒鹽再擠上少許檸檬汁。

紙封魚

海の恵み

改變一下，這次用烤的。

● 材料

白色魚肉 1 大片、月桂葉 2 片、西洋芹 1 片
紅蘿蔔片 3 片、煮熟馬鈴薯 1 個

● 調味料

白酒 2 大匙、鹽 1 小匙、胡椒適量

● 做法

1 魚肉洗乾淨，用廚房紙巾擦乾水份；煮熟馬鈴薯切片、西洋芹和紅蘿蔔切斜片。

2 取一烤焙紙攤開，將煮熟馬鈴薯切片鋪在中間，放上魚肉淋上白酒和調味料，再放上西洋芹片和紅蘿蔔片，將紙整個包緊、包密。

3 烤盤中放上一個蒸架，將包好的魚放上去，烤盤內放一杯熱水，放入預熱好的烤箱中，用半蒸烤的方式，以 200℃蒸烤約 18 分鐘。

水晶蒸魚

學一道功夫菜，終身受用。

● 材 料

鯛魚片 10 片、香菇 5 朵、薑 10 片
豆莢 10 個、紅蘿蔔片 10 片

● 調味料

蛋白 1 個、麻油少許、薑 3 片
米酒 1/4 小匙、胡椒粉 1/4 小匙
鹽 1/2 小匙、玻璃紙 1 張
太白粉水少許（封口用）

● 做 法

1 鯛魚片以薑、酒、鹽、胡椒略醃，再加入蛋白拌勻。

2 玻璃紙剪成 10 公分見方大小。

3 香菇泡軟切半，豆莢洗淨去絲。

4 玻璃紙抹上少許麻油，放上一片魚肉，再放上香菇片、紅蘿蔔片、豆莢和薑片，淋些麻油包密後接口以太白粉水沾黏固定。

5 包好之魚肉排在錫箔紙上包好，放入烤盤，隔水加熱，以 150℃ 烤約 30 分鐘。

海の恵み

香烤魚下巴

豐厚的油脂香，內行人之味。

● 材料

海鱺魚或其他海水魚下巴 1 對
檸檬 1/2 個

● 醃料

米酒 2 大匙、薑片 3 片、鹽 1 小匙
胡椒 1 小匙

● 做法

1 魚下巴洗乾淨，用廚房紙巾擦乾水分。

2 用醃料醃約 10 分鐘。

3 放入預熱好的烤箱中，以 220℃烤約 20 分鐘，食用時擠上少許檸檬汁。

海の恵み

鹽焗蝦

蝦的鮮紅襯上鹽的雪白，美麗、更美味。

● 材 料

草蝦或白蝦 10 條

● 調味料

鹽 1/2 杯

● 做 法

1 蝦子洗淨，用廚房紙巾擦乾水分。

2 取烤盤鋪上一層錫箔紙，先灑上一半的鹽，將蝦子整齊排上，再將剩餘的鹽均勻灑在上面。

3 放入預熱好的烤箱中，以 220℃烤約 15 分鐘。

海の恵み

烤香魚

順便買罐啤酒，居酒屋的享受。

● 材 料

香魚 3 條

● 調味料

鹽 1/4 杯、檸檬汁少許

● 做 法

1 香魚去鱗、去鰓洗淨，肚子不去吃起來比較甘甜，用廚房紙巾擦乾水分。

2 先用適量鹽巴均勻灑滿魚的兩面，魚鰭和尾巴再用鹽巴蓋滿，避免烘烤時烤焦。

3 放入預熱好的烤箱中，以 220℃烤約 15 分鐘，食用時擠上少許檸檬汁。

第三章 肉の魅力

只要簡單佐料醃一下，
烤一下就呈現好口感。

迷迭香雞腿

從陽台隨意摘下的迷迭香，今天她是廚房的主角。

● 材 料

去骨雞腿 1 支、新鮮迷迭香 3 支

● 調味料

鹽 1/2 小匙、粗粒黑胡椒適量

● 做 法

1 雞腿洗乾淨，用廚房紙巾擦乾水分。迷迭香洗乾淨、擦乾水份，將葉子由反方向剝下來。

2 用迷迭香（葉子和梗都要用）、黑胡椒和鹽醃約 20 分鐘。

3 將醃好的雞腿連同迷迭香一起放入預熱好的烤箱中，以 200℃ 烤約 25 分鐘。

肉の魅力

法式香草羊小排

品質超好的羊排入手，趁鮮享受法式風情。

● 材 料

法式羊小排一份（8 支）、新鮮迷迭香 4 支

● 調味料

鹽 1/2 小匙、粗粒黑胡椒適量

● 做 法

1 羊排洗乾淨，用廚房紙巾擦乾水分。

2 用迷迭香、黑胡椒和鹽醃約 30 分鐘。

3 將醃好的羊排連同迷迭香一起放入預熱好的烤箱中，以 200℃ 烤約 20 分鐘。

4 將烤箱電源關掉，再悶 10 分鐘，取出趁熱切小塊。

肉の魅力

紙包雞腿

用烤箱懷念媽媽的便當菜，米酒香伴隨著中學記憶。

● 材 料

去骨雞腿 1 支

● 調味料

蒜頭 1 顆 (切片)、米酒 1 大匙、鹽 1/4 小匙、黑胡椒適量

● 做 法

1 雞腿洗乾淨，用廚房紙巾擦乾水分。

2 拿一張錫箔紙攤開，將雞腿放在中間，兩面均勻灑上調味料，再將錫箔紙包密、包緊，放入預熱好的烤箱中，以 210℃烤約 30 分鐘。

肉の魅力

蜜香肋排

如果想收買對方的胃，我的最佳選擇！

● 材 料

豬肋排一份

● 醃 料

大蒜 2 粒（切碎）
米酒 2 大匙
醬油 3 大匙
番茄醬 3 大匙
糖少許

● 刷 料

蜂蜜適量

● 做 法

1 豬肋排洗乾淨，用廚房紙巾擦乾水分。

2 用醃料醃約 30 分鐘。

3 將醃好的肋排放入預熱好的烤箱中，以 200℃烤約 30 分鐘。

4 烤好後，可以趁熱刷上一層蜂蜜，色澤和口感會更好。

肉丸烤蛋

肉の魅力

充滿玩心的一品。丸心是可愛的鮮黃。

● 材料

水煮蛋 3 個、絞肉 150 克、洋蔥丁 1/2 杯

● 調味料

蔥末 2 大匙、鹽 1 小匙、胡椒適量、橄欖油少許

● 做法

1 水煮蛋橫切成兩半。

2 絞肉，洋蔥丁和蔥末加入調味料拌勻，續拌打到出筋。

3 拌好的肉餡分成 6 等份，放在切半的水煮蛋上面，用湯匙沾些油抹平，放入預熱好的烤箱中，以 200℃烤約 20 分鐘。

蔥烤肉串

花點工夫，捲出肉與蔬菜的美麗結合。

肉の魅力

● 材 料

里肌肉片 12 片、蔥段、香菇絲和紅蘿蔔絲各 12 份
牙籤 12 隻、橄欖油少許

● 醃 料

米酒適量、鹽 1 小匙、胡椒 1/2 小匙

● 做 法

1 里肌肉片用米酒、胡椒和鹽略醃。

2 里肌肉在乾淨的盤子上攤平，放上蔥段一段、香菇絲和紅蘿蔔絲各適量，捲起來用牙籤固定，上面刷上少許橄欖油，放入預熱好的烤箱中，以 200℃烤約 20 分鐘。

肉の魅力

茄汁排骨

用點腦力，豬小排脫離排骨湯的單調命運。

● 材 料

豬小排骨 6 支

● 醃 料

米酒 2 大匙、醬油 2 大匙、番茄醬 3 大匙
糖 1 小匙、蜂蜜少許

● 做 法

1 小排骨洗乾淨，用廚房紙巾擦乾水分。

2 拿一個乾淨的盆子，將所以醃料放入拌勻，小排骨加進去伴抓均勻後，醃約 30 分鐘。放入預熱好的烤箱中，以 200℃烤約 30 分鐘，烤好後，趁熱刷上一層蜂蜜。

肉の魅力

烤羊肉蔬菜捲

平衡了美食與低脂不易胖的條件，口慾與身材兼顧！

● 材 料

燒烤羊肉片 200 克、蘆筍 20 支、玉米筍 10 支

● 醃 料

番茄汁 3 大匙、味醂 2 大匙、醬油 1 大匙

● 做 法

1 將所有醃料放入大碗中拌勻，放入肉片拌抓均勻。

2 取一乾淨深盤，將肉片攤開放上兩支蘆筍和一支玉米筍，捲起來用牙籤固定。

3 放入預熱好的烤箱中，以 200℃烤約 20 分鐘。

烤春雞

滿盤的春雞與鮮蔬，節慶的歡愉不言而喻。

● 材 料

春雞 1 隻、洋蔥（小顆）3 個、馬鈴薯（小顆）3 個
西洋芹 2 長段、紅椒 1 個、黃椒 1 個

● 調味料

迷迭香、奧勒岡、月桂葉各適量、橄欖油 2 大匙
鹽 2 小匙、黑胡椒 1 小匙

● 做 法

1 全雞洗乾淨，用廚房紙巾擦乾水分。

2 香草葉洗乾淨，水份擦乾，加上鹽和胡椒，均勻抹在全雞的內部和外面，用力按摩、搓揉雞，好讓調味料可以充分入味，再放入冰箱冰約 6 小時。

3 拿一個大又深的烤盤，將醃好的雞放進去，洋蔥、馬鈴薯、西洋芹、黃紅椒洗淨切塊放在旁邊，淋上橄欖油，放入預熱好的烤箱中，以 200℃烤約 50 分鐘。

4 烤雞時產生的肉汁與油脂，會留在烤盤上，和洋蔥、馬鈴薯等蔬菜拌一拌讓蔬菜充滿雞香味。

肉の魅力

薰衣草腿排

乾燥薰衣草添室香，更添菜香！

● 材 料

雞腿 1 隻

● 醃 料

鹽 1/2 小匙、胡椒 1/2 小匙

● 淋 醬

薰衣草 10 克、柳橙汁 100cc

● 做 法

1 用柳橙汁和薰衣草煮濃縮到 1/2。

2 雞腿用作法 1 和鹽與胡椒醃 4～6 小時入味。

3 放入預熱好的烤箱中，以 200℃烤約 20 分鐘。

肉の魅力

椒鹽雞翅

也可用花椒 3 大匙作出花椒鹽雞翅。

● 材 料

三節雞翅 5 支

● 調味料

米酒 1 大匙、鹽 1/2 小匙、胡椒適量

● 做 法

1 雞翅洗乾淨，用廚房紙巾擦乾水分。

2 用調味料略微拌勻，放入預熱好的烤箱中，以 200℃烤約 20 分鐘。

肉の魅力

蒜香丁骨

今天的冰箱只剩丁骨排，烤香香美味上桌！

● 材 料

豬丁骨排一份、大蒜 5 粒

鹽 1/2 小匙、黑胡椒粉適量

● 做 法

1 豬排洗乾淨，用廚房紙巾擦乾水分，用鹽和黑胡椒略醃 10 分鐘。

2 醃好的豬排和大蒜，放入預熱好的烤箱中，以 200℃烤約 20 分鐘，食用時灑上些許黑胡椒。

肉の魅力

青醬羊排

攝影師和編輯搶著吃的得意之作！

● 材 料

羊小排 6 支、青醬適量

● 青醬材料

九層塔 30 克、小洋蔥 1/4 個、大蒜 20 克
茴香 20 克、橄欖油 50 克

● 做 法

1 製作青醬：將所有材料用果汁機打勻即成青醬。

2 羊排洗乾淨，用廚房紙巾擦乾水分，加入適量青醬拌勻。

3 放入預熱好的烤箱中，以 200℃烤約 20 分鐘。

肉の魅力

照燒雞腿

照燒引出日式好味。

● 材 料

去骨雞腿一支、照燒醬適量、白芝麻少許

● 照燒醬材料

醬油 100 克、味醂 100 克、糖 100 克

● 做 法

1 製作照燒醬：材料放入鍋中煮滾後，再轉小火煮 2 分鐘關火放涼。

2 雞腿洗乾淨，用廚房紙巾擦乾水份。用照燒醬醃約 20 分鐘。

3 放入預熱好的烤箱中，以 200℃烤約 30 分鐘，烤好後，在上面灑上炒熟的白芝麻。

Lasagne
Ravioli

牛小排沙拉

亞洲沙拉式吃法，簡單卻不失營養美味。

● 材 料

牛小排 300 克、魚露 15cc、餐包 3 個

● 擺 盤

生菜 50 克、蕃茄 1 個（切片）

● 淋 醬

檸檬汁 20cc（或一個）、糖少許
大蒜 2 顆（切碎）、辣椒適量

● 做 法

1 牛肉切厚片，用魚露醃後以 180℃烤 5 分鐘。

2 將番茄切片版擺盤，生菜切細絲擺盤。

3 淋上醬汁即可佐餐包食用。

肉の魅力

錫箔漢堡

脱離了美式吃法，菇香讓味道更有深度。

● 材 料

牛絞肉 200 克、袖珍菇或鴻喜菇 100 克、洋蔥丁 1/2 杯
吐司麵包邊切小丁 1/2 杯 、鮮奶 1/3 杯

● 調味料

烤肉醬 2 大匙、番茄汁 2 大匙、鹽 1 小匙
胡椒 1/2 小匙、豆蔻粉適量

● 做 法

1 麵包加鮮奶泡軟。

2 牛絞肉放入大盆中，加洋蔥丁、麵包丁、鹽、胡椒和豆蔻粉調味，以同方向拌攪到出筋。

3 拿一張錫箔紙攤開，先放入菇類，再將拌好的牛絞肉分成 2 等份搓圓放在上面，最後再淋上烤肉醬和番茄汁，將錫箔紙包緊，放入預熱好的烤箱中，以 210℃烤約 25 分鐘。

磨菇肉排

偶爾用磨菇醬變化一下黑胡椒口味。

● 材 料

豬排 2 片、大蒜 2 顆、米酒 1 大匙、鹽少許

●醬汁材料

蘑菇 10 顆、洋蔥 1/2 顆、醬油 1/2 大匙
味醂 1 大匙、鹽 1/2 小匙

● 做 法

1 豬肉排用大蒜、米酒和鹽醃 20 分鐘，放入預熱好的烤箱中，以 200℃烤約 30 分鐘。

2 醬汁作法：磨菇切片、洋蔥切絲；將洋蔥和磨菇炒香後放入醬油與鹽調味。

3 趁熱將醬汁淋上烤好的豬肉排上即可趁熱食用。

STAINLESS STEEL
CHINA

第四章 麦の香り

小小的麵糰逐漸發起。
心裡湧現的大大幸福。

奶油布丁餐包

麦の香り

用好心情和小火煮奶油餡。

10個

● 材料

A 高筋麵粉 288 克、細砂糖 45 克、鹽 4 克、快速酵母 1/2 小匙
蛋 1 個、奶粉 12 克、冰水 125 克

B 奶油 23 克

C 蛋白少許

● 奶油內餡材料

鮮奶 160 克、細砂糖 30 克、鹽少許、低筋麵粉 10 克（過篩）
玉米粉 15 克（過篩）、蛋黃 2 個、奶油 10 克

● 奶油內餡做法

1 鮮奶加糖和鹽煮開；麵粉、玉米粉加入蛋黃中拌勻成麵糊。

2 將 1/3 煮開的鮮奶加到作法 1 麵糊裡拌勻，再將剩餘的鮮奶加入拌勻成內餡，拌好的內餡用中小火邊攪拌邊煮、煮成濃稠狀，熄火趁熱加入奶油拌勻即可完成奶油內餡，在奶油內餡上蓋上一張保鮮膜放涼。

● 準備

烤箱預熱 200℃、烤盤塗油、奶油餡放入擠花袋

● 做法

1 將材料 A 放入乾淨的大盆中拌勻成糰。

2 將做法 1 移到乾淨的工作檯上，加入材料 B 奶油，揉勻，後用力摔打麵糰、揉到麵糰光滑不黏手，再放入乾淨的盆子，做基本發酵，約到 2 ～ 3 倍大。

3 將發酵好的麵糰分割成每個 30 克重，逐一滾圓後，蓋上保鮮膜鬆弛 10 分鐘。

4 包餡：將鬆弛好的麵糰壓扁，包入一大匙的奶油餡，左手拇指將內餡往下壓，右手拇指和食指將麵糰收緊、包密、收口朝下，放入塗油的烤盤中做最後發酵。

＊麵糰和麵糰留些間隔距離，以免烤好後的麵包互相沾黏。

5 待麵糰發酵到 2 ～ 3 倍大，將表面刷上一層蛋白，再用奶油餡擠成螺旋裝飾，即可放入預熱好的烤箱中，以 200℃烤約 18 分鐘至表面呈金黃色。

麦の香り

培根捲

5個

隨意用剪刀剪開麵糰，麵糰一下子就彈回去了。

● 材料

A 高筋麵粉 300 克、細砂糖 50 克、鹽 3 克、快速酵母 1 小匙
蛋 1 個、奶粉 20 克、冰水 135 克

B 奶油 20 克

C 蛋白少許

D 培根 10 片、黑胡椒少許

● 準備

烤箱預熱 200℃、烤盤塗油、奶油餡放入擠花袋

● 做法

1 將材料 A 放入乾淨的大盆中拌勻成糰。

2 將做法 1 移到乾淨的工作檯上，加入材料 B 奶油，揉勻，後用力摔打麵糰、揉到麵糰光滑不黏手，再放入乾淨的盆子，做基本發酵，約到 2 ～ 3 倍大。

3 將發酵好的麵糰分成 5 份，逐一滾圓後，蓋上保鮮膜鬆弛 10 分鐘。

4 發酵好的麵糰擀成橢圓形後，在中間放上 2 片培根，上面灑上一些黑胡椒，捲起成圓筒狀，接口用手指捏緊，放入塗油的烤盤中做最後發酵。

＊麵糰和麵糰留些間隔距離，以免烤好後的麵包互相沾黏。

5 待麵糰發酵到 2 ～ 4 倍大，將表面刷上一層蛋白，再灑上一些黑胡椒，用剪刀剪開一圈圈，底部不要剪斷，往左右兩邊依序排放。放入預熱好的烤箱中，以 200℃烤約 18 分鐘至成為金黃色。

麦の香り

鮮奶吐司

喜歡看到麵糰長大的可愛模樣。

1條

水果條模型

● 材料

高筋麵粉 250 克、鮮奶 150 克、鹽 5 克、細砂糖 10 克
快速酵母 1 小匙、奶油 15 克

● 準備　烤箱預熱 200℃、模型塗油

● 做法

1 將材料放到乾淨的工作檯上，先攪拌成麵糰，再繼續摔打到表面光滑不黏手，再放入乾淨的盆子，做基本發酵。

2 將發酵好的麵糰分割成 2 等份，逐一滾圓後，蓋上保鮮膜鬆弛 10 分鐘。

3 鬆弛好的麵糰，再次滾圓後放入模型中，做最後發酵。

4 發酵到高出模型約 1 公分，放入預熱好的烤箱中，以 200℃烤約 35 分鐘至呈金黃色。

布丁吐司

麦の香り

原來，早餐可以這樣吃。

2份

● 材 料

厚片吐司 2 片、蛋 2 個、鮮奶 240cc、蔓越莓 15 克
葡萄乾 15 克、烤熟堅果 15 克、蜂蜜適量

● 準 備

比吐司大的深保鮮盒、烤箱預熱 200℃

● 做 法

1 將蛋打入保鮮盒中、加入鮮奶拌勻，再將麵包放進去蓋滿蛋汁，放入冰箱冰 2 個小時。

2 泡軟的吐司，放上蔓越莓、葡萄乾和堅果，後放入預熱好的烤箱中，以 200℃烤約 25 分鐘至表面呈金黃色。

3 食用時淋上些許蜂蜜。

蔥花麵包

麥の香り

小時候巷弄間麵包車的蔥麵包，現在也可以自己做。

10個

● 材 料

A 高筋麵粉 300 克、細砂糖 32 克、鹽 4 克、快速酵母 1 小匙
蛋 1 個、奶粉 8 克、冰水 135 克

B 奶油 16 克

C 蛋白少許

● 蔥油餡材料

青蔥 100 克、沙拉油 30 克、鹽 1/4 小匙、黑胡椒粉適量

● 蔥油餡做法

青蔥切小丁，再加入沙拉油、鹽和胡椒拌勻即可。

● 準 備

烤箱預熱 200℃、烤盤塗油、青蔥餡分成 10 份

● 做法

1 將材料 A 放入乾淨的大盆中拌勻成糰。

2 將做法 1 移到乾淨的工作檯上，加入材料 B 奶油，揉勻，後用力摔打麵糰、揉到麵糰光滑不黏手，再放入乾淨的盆子，做基本發酵，約到 2 ～ 3 倍大。

3 將發酵好的麵糰分成 10 等份，逐一滾圓後，蓋上保鮮膜鬆弛 10 分鐘。

4. 將鬆弛好的麵糰，擀開成長橢圓形，再捲起來成圓筒狀，接口捏緊朝下，略微擀平，放入塗油的烤盤中做最後發酵。

5 發酵好的麵糰，先刷上一層蛋白，再用利刀從中間直接一刀，放上適量拌好的蔥油餡，放入預熱好的烤箱中，以 200℃烤約 18 分鐘至成為金黃色。

肉鬆麵包

麦の香り

肉鬆和美乃滋讓簡單的麵糰更有味！

10個

● 材料

A 高筋麵粉 300 克、細砂糖 32 克、鹽 4 克、快速酵母 1 小匙
蛋 1 個、奶粉 8 克、冰水 135 克

B 奶油 16 克

C 蛋白少許、肉鬆適量、沙拉醬適量

● 準備　烤箱預熱 200℃、烤盤塗油

● 做法

1 將材料 A 放入乾淨的大盆中拌勻成糰。

2 將做法 1 移到乾淨的工作檯上，加入材料 B 奶油，揉勻，後用力摔打麵糰、揉到麵糰光滑不黏手，再放入乾淨的盆子，做基本發酵，約到 2 ～ 3 倍大。

3 將發酵好的麵糰分成 10 等份，逐一滾圓後，蓋上保鮮膜鬆弛 10 分鐘。

4 鬆弛好的麵糰，用手搓揉成水滴狀、擀平，捲起來成橄欖形，接口捏緊朝下，放入塗油的烤盤中做最後發酵。。

5 麵糰發酵 2 ～ 3 倍大後放入預熱好的烤箱中，以 200℃烤約 18 分鐘至呈金黃色。

6 烤好的麵包放涼後，先塗上一層沙拉醬，再均勻沾上一層肉鬆即可。

黑麥核桃

麥香、核桃香，滿室飄香。

麦の香り

3個

● 材料

A 高筋麵粉 300 克、裸麥粉 200 克、冰水 320 克、鹽 10 克
　快速酵母 10 克

B 核桃丁 150 克、葡萄乾 90 克

● 準備

烤箱預熱 220℃、烤盤塗油

● 做法

1 將材料 A 放到乾淨的工作檯上，先攪拌成麵糰，再繼續摔打到表面光滑不黏手，蓋上一個乾淨的盆子，做基本發酵。

2 將發酵好的麵糰分割成 3 等份，逐一滾圓後，蓋上保鮮膜鬆弛 10 分鐘。

3 鬆弛好的麵糰，擀開成長橢圓形，上面灑上一層核桃和葡萄乾，捲起來成橄欖形，接口捏緊朝下，放在烤盤中做最後發酵。

4 發酵好的麵糰，用利刀在表面切上刀口，放入預熱好的烤箱中，以 220℃烤約 20 分鐘至呈金黃色。

麦の香り

奶油捲

我愛奶香，我愛麵包。

10個

● 材料

A 高筋麵粉 300 克、細砂糖 50 克、鹽 4 克、快速酵母 1 小匙
 全蛋液 1 個、奶粉 10 克、冰水 130 克

B 奶油 30 克

C 蛋白少許

D 內餡：冰奶油 100 克

● 準備

烤箱預熱 200℃、烤盤塗油、材料 D 冰奶油分成 10 份

● 做法

1 將材料 A 放入乾淨的大盆中拌勻成糰。

2 將做法 1 移到乾淨的工作檯上，加入材料 B 奶油，揉勻，後用力摔打麵糰、揉到麵糰光滑不黏手，再放入乾淨的盆子，做基本發酵，約到 2 ～ 3 倍大。

3 將發酵好的麵糰分成 10 等份，逐一滾圓後，蓋上保鮮膜鬆弛 10 分鐘。

4 鬆弛好的麵糰，用手搓揉成水滴狀、擀平，在胖的一端放上一塊冰奶油，捲起來成橄欖形，接口捏緊朝下，放入塗油的烤盤中做最後發酵。

5 麵糰發酵 2 ～ 3 倍大後，在上面刷上一層蛋白，放入預熱好的烤箱中，以 200℃烤約 20 分鐘至呈金黃色。

麦の香り

果醬夾心

咬一口，甜蜜在心頭。

10個

● 材 料

A 高筋麵粉 300 克、細砂糖 50 克、鹽 4 克、快速酵母 1 小匙
  蛋液 1 個、奶粉 10 克、冰水 130 克

B 奶油 30 克

C 蛋白少許

D 夾心：果醬 200 克、椰子粉 50 克

● 準 備

烤箱預熱 200℃、烤盤塗油

● 做法

1 將材料 A 放入乾淨的大盆中拌勻成糰。

2 將做法 1 移到乾淨的工作檯上，加入材料 B 奶油，揉勻，後用力摔打麵糰、揉到麵糰光滑不黏手，再放入乾淨的盆子，做基本發酵，約到 2 ～ 3 倍大。

3 將發酵好的麵糰分成 10 等份，逐一滾圓後，蓋上保鮮膜鬆弛 10 分鐘。

4 鬆弛好的麵糰，擀開成長橢圓形，再捲起來成圓筒狀，接口捏緊朝下，略微擀平，放入塗油的烤盤中做最後發酵。

5 發酵好的麵糰，在上面刷上一層蛋白，放入預熱好的烤箱中，以 200℃烤約 20 分鐘至呈金黃色。

6 烤好放涼的麵包，從正面橫切一刀不要斷，反過來塗上一層果醬，對折黏緊後外層接縫處再塗上一層果醬，上面再沾上椰子粉。

Bread place

全麥起司

麥の香り

健康的全麥配上超濃起司，正點！

4個

● 材 料

A 高筋麵粉 200 克、全麥粉 100 克、冰水 190 克、快速酵母 1 小匙
奶粉 25 克、細砂糖 20 克、鹽 1/2 小匙

B 奶油 20 克

C 煙燻起司 200 克

● 準 備

烤箱預熱 220℃、烤盤塗油、煙燻起司 200 克分成 4 份（每份 50 克）

● 做法

1 將材料 A 和 B 放到乾淨的工作檯上，先攪拌成麵糰，再繼續摔打到表面光滑不黏手，蓋上一個乾淨的盆子，做基本發酵。

2 將發酵好的麵糰分割成 4 等份，逐一滾圓後，蓋上保鮮膜鬆弛 10 分鐘。

3 鬆弛好的麵糰，擀開成長橢圓形，每個放上煙燻起司 50 克，捲起來成橄欖形，接口捏緊朝下，放在烤盤中做最後發酵。

4 發酵好的麵糰，用利刀在表面切上刀口，放入預熱好的烤箱中，以 220℃烤約 20 分鐘至呈金黃色。

麦の香り

雜糧吐司

永不退流行的吐司經典款。

● 材 料

A 高筋麵粉 200 克、黃砂糖 10 克、鹽 5 克、快速酵母 1 小匙
奶粉 10 克、奶油 10 克

B 雜糧預拌粉 100 克、冰水 180 克

c 核桃丁 100 克

● 準 備　烤箱預熱 210℃、模型塗油

● 做 法

1 雜糧粉先放入水中泡軟，可放在冰箱中，以降低水的溫度。

2 將材料 A 和 B 移到乾淨的工作檯上，攪拌成麵糰，揉勻後用力摔打到麵糰光滑不黏手加入核桃丁揉勻，放入乾淨的盆子，做基本發酵。

3 發酵好的麵糰分割成 2 等份，一一的滾圓後，蓋上保鮮膜鬆弛 10 分鐘。

4 鬆弛好的麵糰，擀成長條形再捲起來成圓筒狀，放入烤模內做最後發酵，麵糰約發到高出烤模 1 公分後，以 210℃烤約 30 分鐘，到四周呈金黃色，出爐後趁熱脫模放涼。

蘋果丹麥

麦の香り

咬開的瞬間，聞到蘋果的香氣。

10個

● 材料

A 高筋麵粉 210 克、低筋麵粉 90 克、奶粉 20 克
細砂糖 30 克、鹽 5 克、冰水 120 克
全蛋 1 個、快速酵母 1 小匙、奶油 15 克

B 冰奶油 135 克

C 蘋果餡材料：蘋果 2 個、檸檬汁 1 大匙
細砂糖 50 克、奶油 20 克

D 蛋液適量

● 蘋果餡做法

蘋果去皮、去心，切小丁，加入其他材料，煮到濃稠放涼。

● 準備

烤箱預熱 200℃、烤盤塗油、內餡分成 10 份

● 做法

1 將材料 A 放在乾淨的工作檯上，先攪拌成麵糰，再繼續摔打到表面光滑不黏手，再放入乾淨的盆子，做基本發酵。

2 發酵好的麵糰，擀開成四方形，中間放上冰奶油，四個邊往中間蓋過來，將冰奶油完全蓋住。用擀麵棍擀開呈長方形，折成四折，放入冰箱冷藏至麵糰變硬。

3 冰好的麵糰取出，重複做法 2 的步驟，重複 2 次。完成四折三次的動作。

4 冰好的麵糰 擀開成 0.3 公分的厚度，切成 10 公分 x10 公分的正方形，將適量的內餡放在中間，將麵皮對摺成長方型，用叉子在接口三邊壓出印子，放在烤盤中做最後發酵。

5 發酵到約 2 倍大後，刷上一層蛋液，放入預熱好的烤箱中，以 200℃烤約 20 分鐘至呈金黃色。

黑糖吐司

麦の香り

吃點糖卻不怕胖，幸福。

2條

半條吐司模型

● 材料

A 高筋麵粉 350 克、鹽 5 克、全蛋液 20 克、快速酵母 1 小匙
奶粉 15 克、奶油 15 克

B 冰水 220 克、黑糖 60 克

● 準備　烤箱預熱 200℃、模型塗油

● 做法

1 將材料 B 混合攪拌至融化。

2 將材料 A 放到乾淨的工作檯上和勻，加入作法 1 的材料 B 一起攪拌成麵糰，再繼續摔打到表面光滑不黏手，蓋上一個乾淨的盆子，做基本發酵。

3 將發酵好的麵糰分割成 2 等份，逐一滾圓後，蓋上保鮮膜鬆弛 10 分鐘。

4 鬆弛好的麵糰，再次滾圓後放入吐司模型中，做最後發酵。

5 發酵到高出模型約 1 公分，放入預熱好的烤箱中，以 200℃烤約 35 分鐘至呈金黃色。

堅果麵包

健康、口感、美味三重奏。

麦の香り

2條

水果條模型

● 材 料

A 高筋麵粉 170 克、黃砂糖 20 克、鹽 3 克、快速酵母 1 小匙
　濃縮咖啡 20 克、蜂蜜 20 克、奶油 10 克

B 雜糧預拌粉 35 克、冰水 100 克

C 核桃丁 70 克

● 準 備　烤箱預熱 200℃、模型塗油

● 做法

1 將材料 B 雜糧預拌粉放入冰水中泡軟、可放在冰箱中，以降低水的溫度。

2 將材料 A 和 B 放在乾淨的工作檯上，先攪拌成麵糰，再繼續摔打到表面光滑不黏手，再放入乾淨的盆子，做基本發酵。

3 發酵好的麵糰分割成 2 等份，一一的滾圓後，蓋上保鮮膜鬆弛 10 分鐘。

4 鬆弛好的麵糰，擀開成長橢圓形，上面放上核桃丁，捲起來成橄欖形，接口捏緊朝下，放入模型中做最後發酵。

5 發酵好的麵糰，放入預熱好的烤箱中，以 200℃烤約 25 分鐘至呈金黃色。

女生都要愛上這一味。

蔓越莓吐司

麦の香り

半條吐司模型

● 材料

A 高筋麵粉 400 克、細砂糖 35 克、鹽 7g、快速酵母 1 小匙
蛋 1 個、冰水 200g 奶油 35g

B 蔓越莓 100 克

C 蛋白少許

● 準備 烤箱預熱 200℃、模型塗油

● 做法

1 將材料 A 放在乾淨的工作檯上，先攪拌成麵糰，再繼續摔打到表面光滑不黏手，再放入乾淨的盆子，做基本發酵。

2 發酵好的麵糰分割成 2 等份，一一的滾圓後，蓋上保鮮膜鬆弛 10 分鐘。

3 鬆弛好的麵糰，擀開成長橢圓形，上面放上蔓越莓，捲起來成橄欖形，接口捏緊朝下，放入模型中做最後發酵。

4 發酵到高出模型約 1 公分，在上面刷上一層蛋白，放入預熱好的烤箱中，以 200℃烤約 30 分鐘至呈金黃色。

麵包台上的勞作課。

牛角
麦の香り

8個

● 材料

A 高筋麵粉 210 克、低筋麵粉 90 克、奶粉 20 克、細砂糖 30 克
  鹽 5 克、冰水 120 克、全蛋 1 個、快速酵母 1 小匙、奶油 15 克

B 冰奶油 135 克

C 蛋液適量

● 準備　烤箱預熱 200℃、烤盤塗油

● 做法

1 將材料 A 放在乾淨的工作檯上，先攪拌成麵糰，再繼續摔打到表面光滑不黏手，再放入乾淨的盆子，做基本發酵。

2 發酵好的麵糰，撖開成四方形，中間放上冰奶油，四個邊往中間蓋過來，將冰奶油完全蓋住。用撖麵棍撖開呈長方形，折成四折，放入冰箱冷藏至麵糰變硬。

3 冰好的麵糰取出，重複做法 2 的步驟，重複 2 次。完成四折三次的動作，這是丹麥及可頌的基本做法。

4 冰好的麵糰撖開成 0.3 公分的厚度，先切成 20 公分的寬度，再切成 10 公分的三角形，由寬的一端捲起成橄欖形，接口朝下，放在烤盤中做最後發酵。

5 發酵到約 2 倍大後，上面刷上一層蛋液，放入預熱好的烤箱中，以 200℃烤約 20 分鐘至呈金黃色。

麦の香り

果醬可頌

香香、酥酥、甜甜，一口接一口。

8個

● 材 料

A 高筋麵粉 210 克、低筋麵粉 90 克、奶粉 20 克、細砂糖 30 克
鹽 5 克、冰水 120 克、全蛋 1 個、快速酵母 1 小匙、奶油 15 克

B 冰奶油 135 克

C 果醬適量、蛋液適量

● 準 備　烤箱預熱 200℃、烤盤塗油

● 做法

1 將材料 A 放在乾淨的工作檯上，先攪拌成麵糰，再繼續摔打到表面光滑不黏手，再放入乾淨的盆子，做基本發酵。

2 發酵好的麵糰，擀開成四方形，中間放上冰奶油，四個邊往中間蓋過來，將冰奶油完全蓋住。用擀麵棍擀開呈長方形，折成四折，放入冰箱冷藏至麵糰變硬。

3 冰好的麵糰取出，重複做法 2 的步驟，重複 2 次。完成四折三次的動作。

4 冰好的麵糰擀開成 0.3 公分的厚度，切成 10 公分 × 10 公分的正方形，輕輕對摺成三角形，在短的兩邊切刀口，上端留約 1.5 公分不切斷。將麵皮攤開，中間放上適量果醬，旁邊刷上蛋液，再將切開的邊蓋過來輕輕壓緊，放在烤盤中做最後發酵。

5 發酵到約 2 倍大後，四周刷上一層蛋液，放入預熱好的烤箱中，以 200℃烤約 20 分鐘至呈金黃色。

麦の香り

雜糧QQ球

貝果QQ版，不變的是好咬勁。

12個

● 材料

A 高筋麵粉 300 克、雜糧預拌粉 200 克、冰水 450 克
快速酵母 8 克、鹽 10 克

B 糖 50 克

C 表層蛋水：細砂糖 1 大匙、蛋白 20 克、水 20 克

● 準備　烤箱預熱 210℃、烤盤塗油

● 做法

1 雜糧粉先放入水中泡軟，可放在冰箱中，以降低水的溫度。

2 將材料 A 放在乾淨的工作檯上，先攪拌成麵糰，再繼續摔打到表面光滑不黏手，再放入乾淨的盆子，做基本發酵。

3 發酵好的麵糰分割成 12 等份，一一的滾圓後，蓋上保鮮膜鬆弛 10 分鐘。

4 鬆弛好的麵糰，再次滾圓，做好的麵糰先鬆弛 20 分鐘。

5 材料 C 表層蛋水的材料全部拌均勻。

6 煮開一大鍋水，裡面加入 50 克的糖，將麵糰一一過水燙 1 分鐘，撈出濾乾水分，整齊排放在烤盤上，上面刷上蛋水，放入預熱好的烤箱中，以 210℃烤約 20 分鐘至呈金黃色。

香蔥起司

麦の香り

喜愛鹹麵包的有口福了。

8個

● 材 料

A 中筋麵粉 300 克、快速酵母 1 小匙、冰水 130 克、全蛋 1 個
　鹽 1 小匙、細砂糖 20 克、奶粉 15 克、奶油 30 克

B 蔥花 200 克、比薩起司適量、起司粉適量

● 準 備

烤箱預熱 200℃、烤盤塗油、蔥花和起司分成 8 份

● 做 法

1 將材料 A 放入乾淨的大盆中拌勻成糰。

2 將做法 1 移到乾淨的工作檯上，加入材料 B 奶油，揉勻，後用力摔打麵糰、揉到麵糰光滑不黏手，再放入乾淨的盆子，做基本發酵。

3 發酵好的麵糰分割成 8 等份，一一的滾圓後，蓋上保鮮膜鬆弛 10 分鐘。

4 鬆弛好的麵糰擀開成正方形，中間放上蔥花 25 克和適量起司，將四個邊往中間蓋過來，接口用手指捏緊，接口朝下整齊排放在烤盤上，做最後發酵。

5 發酵到約 2 倍大後，上面灑上些許的起司粉，放入預熱好的烤箱中，以 200℃烤約 20 分鐘。

LIFE
NATURAL LIFE
NATURAL
NATURAL

菠蘿奶酥

麦の香り

永難忘懷的幸福好滋味。

8個

● 材 料

A 高筋麵粉 250 克、細砂糖 50 克、鹽 4 克、快速酵母 1 小匙
蛋 1 個、奶粉 20 克、冰水 100 克

B 奶油 30 克

C 蛋黃少許

● 菠蘿材料

奶油 50 克、糖粉 50 克、鹽 1 克、奶粉 5 克、蛋 35 克、低筋麵粉 100 克

● 菠蘿做法

奶油、糖粉、鹽和奶粉用打蛋器打發，蛋分 3 次加入打勻，低筋麵粉過篩，加入盆中輕輕拌勻，分成 8 份。

● 奶酥餡

奶油 60 克、糖粉 40 克、鹽少許、奶粉 60 克

● 奶酥做法

奶油、糖粉和鹽用打蛋器打發，將奶粉過篩後加入拌均勻，分成 8 等份。

● 準 備 烤箱預熱 200℃、烤盤塗油

●做 法

1 將材料 A 放入乾淨的大盆中拌勻成糰。

2 將做法 1 移到乾淨的工作檯上，加入材料 B 奶油，揉勻，後用力摔打麵糰、揉到麵糰光滑不黏手，再放入乾淨的盆子，做基本發酵。

3 發酵好的麵糰分割成 8 等份，一一的滾圓後，蓋上保鮮膜鬆弛 10 分鐘。

4 鬆弛好的麵糰稍稍壓扁，包入一份奶酥餡，取一塊菠蘿皮，一面沾上乾粉放在左手上，將麵糰放在菠蘿皮上慢慢擠壓到菠蘿皮可以包住約 3/4 的麵糰，放在塗油的烤盤上做最後發酵，約到 2 倍大。

5 發酵好的麵糰上面刷上一層蛋黃，放入預熱好的烤箱內，以 200℃烤約 18 分鐘至金黃色。

第五章

お茶の伴

蛋糕、派、瑪芬與餅乾。
訴說悠閒的午後時光。

お茶の伴

方型布朗尼

核桃與可可的美妙結合。

1個

● 材 料

A 無鹽奶油 185 克、細砂糖 22 克、鹽 3 克、全蛋 3 個
B 低筋麵粉 105 克、高筋麵粉 70 克、可可粉 25 克、小蘇打 2 克
C 核桃 60 克、葡萄乾 90 克

● 準 備

麵粉、可可粉和小蘇打混和過篩、烤箱預熱 180℃、烤模塗油

● 做 法

1 奶油、糖和鹽一起放入盆中用打蛋器打發，全蛋要分 3 次加進去，拌打均勻。

2 麵粉、可可粉和小蘇打混和過篩後，加入作法 1 拌勻，核桃和葡萄乾也加入拌勻。

3 拌好的麵糊放入塗油的烤盤中，用抹刀將表面抹平即可入爐，以 180℃烤約 35 分鐘。

お茶の伴

水果蛋糕

百吃不膩的經典好味。

2份

水果蛋糕模

● 材 料

A 高筋麵粉 220 克、無鹽奶油 22 克、鹽 5 克、細砂糖 200 克
全蛋 220 克

B 肉桂粉 1/2 茶匙、葡萄乾 100 克、蔓越莓 100 克、核桃丁 200 克

● 準 備 烤箱預熱 170℃、烤模塗油

● 做 法

1 高筋麵粉和奶油以打蛋器打發到顏色變白，加入糖和鹽拌打均勻到成絨毛狀。蛋分 3 次加入麵糊中打勻，不可一次加太多、免得變成豆花狀。之後改用慢速打勻至糖顆粒完全溶化，可用手指摸摸看，摸不到糖顆粒為止。

2 加入肉桂粉增加風味。加入葡萄乾和核桃拌勻，用湯匙將蛋糕糊舀到模型裡面。

3 以 170℃烤約 90 分鐘，要烤到蛋糕表面裂口處上色，以免出爐後收縮。

お茶の伴

起司蛋糕

香濃的起司、優雅的午後。

1個

8吋圓型模

● 材料

奶油乳酪 350 克、奶油 30 克、細砂糖 30 克、蛋黃 2 個、優酪乳 100 克、蛋白 2 個、細砂糖 30 克、檸檬汁 1 大匙、檸檬皮(1 個分)

● 蛋糕底材料

蛋黃 4 個、細砂糖 40 克、鮮奶 60 克、沙拉油 40 克、低筋麵粉 100 克(過篩)、蛋白 5 個、細砂糖 50 克

● 蛋糕底做法

1 蛋黃和 40 克的砂糖拌勻，直到糖融化，再加入鮮奶和沙拉油拌勻。

2 低筋麵粉過篩，加入拌勻。

3 蛋白打發，50 克砂糖分 3 次加入，打發至接近乾性發泡。

4 將蛋白分 2 ～ 3 次加入蛋黃糊中，攪拌均勻，然後倒入模型中以 165℃烤約 50 分鐘，出爐後倒扣放涼，涼透的蛋糕橫切成三片。

● 準備

烤箱預熱 160℃、兩杯熱水(烤盤隔水加熱)、烤模邊緣塗油

● 做法

1 奶油乳酪(cream cheese)需放在室溫軟化。

2 奶油乳酪、奶油和 30 克砂糖放入盆中，以打蛋器打軟，因奶油乳酪較硬，在打之前可先將奶油乳酪切成小塊，再放入盆中攪打。

3 打軟的乳酪加入蛋黃拌勻，再將優酪乳慢慢加進去，打成糊狀。

4 蛋白加 30 克糖打到濕性發泡，分 2 次加入乳酪糊中拌勻，檸檬汁和檸檬皮加入拌勻。

5 取一片蛋糕墊在模型底，將打好的乳酪糊放入模型中，模型若為活動模，則外面需用鋁箔紙包圍起來。烤盤內加兩杯熱水，將裝有乳酪糊的模型放入水中，以半蒸烤的方式，用 160℃烤約 60 ～ 70 分鐘。出爐後移出烤盤，撕開鋁箔紙放涼。

* 烤焙過程中烤盤需維持有水，視情況加熱水。

お茶の伴

酒漬果香瑪芬

用酒香、果香為小小馬芬增味。

12個

● 材 料

A 無鹽奶油 100 克、細砂糖 50 克、鹽 1/4 小匙、蛋 2 個
B 低筋麵粉 250 克、泡打粉 1/4 小匙
C 鮮奶 60 克、水果酒 20 克、酒漬橘子皮 100 克

● 準 備　麵粉過篩、烤箱預熱 175℃、烤模塗油

● 做 法

1 奶油、糖、鹽放入盆中，用打蛋器打軟。蛋分 3 ～ 4 次加入，以中速拌打均勻。

2 低筋麵粉和泡打粉過篩，加入拌勻。

3 鮮奶慢慢加入，攪拌均勻，最後加入水果酒拌均勻。再加入橘子皮輕輕拌勻。

4 將麵糊放入抹油或鋪紙的杯子裡，以 175℃烤約 25 分鐘，出爐後趁熱將馬芬移出杯子，放涼。

お茶の伴

香蕉巧克力蛋糕

香蕉與巧克力，濃郁的完美組合。

1個

圓形中空模型

● 材 料

A 無鹽奶油 60 克、細砂糖 75 克、鹽 1/4 小匙、蛋 1 個

B 高筋麵粉 150 克、泡打粉 1/2 小匙

C 香蕉泥 100 克、檸檬汁 2 小匙、鮮奶 35 克、碎核桃 35 克
不溶巧克力 50 克

● 準 備 烤箱預熱 175℃、烤模塗油

● 做 法

1 香蕉用叉子壓成泥狀加入檸檬汁拌勻。

2 奶油、糖和鹽一起放入盆中用打蛋器打發，蛋液分 3 次加進去，拌打均勻。

3 加入麵粉、泡打粉輕輕拌勻。再加入香蕉泥、鮮奶、核桃和巧克力拌勻。

4 拌好的麵湖放進烤模中，表面略為抹平。以 175℃烤約 35 分鐘，或表面焦黃熟透即可。

お茶の伴

咖啡海綿蛋糕

忙碌的午後有咖啡香，再忙、也不煩躁。

● 材 料

A 蛋 3 個、細砂糖 80 克

B 鹽 1/4 小匙、低筋麵粉 100 克、研磨咖啡粉 5 克

C 融化奶油 50 克

● 準 備 麵粉過篩、烤箱預熱 160℃、烤模塗油

● 做 法

1 將蛋、糖隔水加熱到 40℃，用打蛋器打發到顏色變成乳白色且呈濃稠狀後，再以慢速打約 2 分鐘，把大氣泡打破，以免烤好的蛋糕內部有大孔洞。

2 加入低筋麵粉、咖啡粉和鹽拌勻。

3 將融化奶油輕輕加入拌勻，此時奶油的溫度不可過低，以免形成奶油塊，影響蛋糕的口感。材料拌勻後即可裝入塗油灑粉的模型裡，約 7 分滿。以 160℃烤約 60 分鐘。

巧克力小海綿

お茶の伴

一個人的午後，簡單的小幸福。

6個

圓形小烤杯

● 材 料

A 蛋 3 個、細砂糖 80 克
B 鹽 1/4 小匙、低筋麵粉 80 克、可可粉 20 克
C 融化奶油 50 克

● 準 備　麵粉和可可粉混和過篩、烤箱預熱 180℃、烤模塗油

● 做 法

1 將蛋、糖隔水加熱到 40℃，用打蛋器打發到顏色變成乳白色且呈濃稠狀後，再以慢速打約 2 分鐘，把大氣泡打破，以免烤好的蛋糕內部有大孔洞。

2 加入低筋麵粉和可可粉拌勻。

3 將融化奶油輕輕加入拌勻，此時奶油的溫度不可過低，以免形成奶油塊，影響蛋糕的口感。材料拌勻後即可裝入小紙杯模型裡，約 8 分滿。以 180℃烤約 20 分鐘。

烤布雷

お茶の伴

8個

布雷小瓷杯

● 材 料

全蛋 3 個、蛋黃 3 個、鮮奶油 500 克、細砂糖 80 克
香草豆莢 1 個

● 準 備　熱水兩杯（烤盤隔水加熱）、烤箱預熱 160℃

● 做 法

1 全蛋和蛋黃打散。

2 香草豆莢從中間直切開，用刀子將種籽刮下來，連同豆莢一起加入鮮奶油中，鮮奶油和糖放入盆中，加熱到糖完全融化。

3 將蛋液加進去拌均勻，用細篩網將鮮奶油蛋液過濾。

4 將餡料輕輕的倒入模型裡。烤盤裡面加入兩杯的熱水，用半蒸烤的方式，以 160℃烤約 35 分鐘，用手摸表層有彈性即可。

雞蛋布丁

お茶の伴

來點創意用雞蛋當烤模！

12個

● 材 料

全蛋 2 個、蛋黃 2 個、鮮奶 330 克、細砂糖 40 克

● 準 備　熱水兩杯（烤盤隔水加熱）、烤箱預熱 160℃

● 做 法

1 黃殼蛋用敲蛋器在有氣室的一端敲兩下，將上面的蛋殼拿掉，將蛋液輕輕倒出來，洗乾淨再放入開水中煮約 3 分鐘殺菌，放入烤箱中烤乾。

2 鮮奶和糖放入盆中，加熱到糖完全融化，把全蛋和蛋黃打散，加入鮮奶中拌均勻。調好的蛋液用細篩網過濾再加入，烤好的布丁口感才會滑順。

3 將布丁餡輕輕的倒入模型裡。烤盤裡面加入兩杯的熱水，用半蒸烤的方式來烤布丁，以 160℃烤約 25 分鐘，用手摸布丁表層有彈性即可。

健康、美味、飽足感！

蔓越核桃派

お茶の伴

1個

8吋菊花派盤

● 派皮材料

無鹽奶油 135 克、糖粉 75 克、鹽 1/2 茶匙、蛋 45 克、低筋麵粉 225 克

● 內餡材料

鮮奶油 45 克、蜂蜜 60 克、細砂糖 20 克、奶油 25 克
核桃 200 克、蔓越莓 100 克

● 準 備　麵粉過篩、烤箱預熱 175℃、烤模塗油

● 做 法

1 奶油、糖粉和鹽放入盆中，打至均勻且顏色稍微變淡，將蛋液分兩次加入打勻。

2 把篩過的麵粉加入，以切的方式拌勻，不要攪拌過久以免出筋。將拌勻的麵糰靜置半小時後取一小塊，搓成長條，沿著派盤的邊緣用手指慢慢壓，派盤底部則將剩餘麵糰用手掌慢慢壓平。

3 鮮奶油、蜂蜜、糖和奶油一起放到鍋子裡，用小火煮到泡泡變小，約 115℃後再將核桃和蔓越莓放入糖漿中，攪拌均勻。煮好的內餡倒入整形好的派皮內鋪均勻。

4 以 175℃烤約 40 分鐘烤到派的四周有上色，取出放涼再脫模，以避免溫度仍高外皮尚未定形，脫模時派皮容易破裂。

お茶の伴

香橙司康

充滿英式風情的週末上午。

8個

圓形模

● 材 料

A 低筋麵粉 300 克、泡打粉 1 小匙、細砂糖 35 克、鹽 3 克

B 冰奶油 55 克、蛋液 80 克、鮮奶 65 克

C 糖漬香橙皮 100 克、鮮奶適量

● 準 備　麵粉過篩、烤箱預熱 200℃

● 做 法

1 將粉類、糖和鹽混合過篩在乾淨的麵板上面，加入冰奶油用切麵刀將奶油切成細碎狀，最後加入鮮奶略為拌勻。

2 將麵糰切成兩份後，將香橙皮放在一份上面，蓋上另一份重疊在一起，由上往下壓扁如此重複 3 到 4 次，成為一整個完整的麵糰後放入冰箱冷藏約 30 分鐘。

3 冷藏好的麵糰取出 約 2 公分厚度，用圓形模壓出一個個圓形麵糰，將麵糰整齊排放在墊有烤盤紙的烤盤中，上面刷上鮮奶，放入預熱好的烤箱中，以 200℃烤約 15 分鐘，烤到表皮金黃即可。

お茶の伴

提拉米蘇

馬斯卡邦起司，濃郁的義式午後。

1個

玻璃深烤盤

● 材 料

蛋黃 3 個、果糖 100 克、吉利丁 4 片

馬斯卡邦起司 500 克（Mascarpone cheese） 鮮奶油 400 克

● 蛋糕體材料

全蛋 3 個、細砂糖 80 克、鹽 1/4 小匙、低筋麵粉 80 克、可可粉 20 克

溶化奶油 50 克

● 準 備 烤箱預熱 190℃

● 蛋糕體做法

1 打蛋盆中放入全蛋和糖，隔水加熱到糖溶化，打發後將麵粉和可可粉過篩加入輕輕拌勻。

2 加入溶化奶油，輕輕由底下往上拌勻，倒入活動蛋糕模中，放入預熱好的烤箱中，以 190℃烤約 25 分鐘，烤到表皮金黃有彈性即可，出爐後倒扣放涼。

● 咖啡酒糖液作法

濃縮咖啡 50 克、細砂糖 20 克、咖啡酒 50 克混合煮開放涼。

● 做 法

1 馬斯卡邦起司放入盆中隔水加熱到軟化，吉利丁放入冰水中泡軟，蛋糕從側面橫切成 3 片。

2 蛋黃和果糖放入盆中，隔水加熱到 85℃，讓蛋黃達到殺菌的溫度，須不停攪拌以免蛋黃凝固。趁熱將泡軟的吉利丁片加入融化，再將軟化的馬斯卡邦起司加入均勻。

3 好的乳酪糊如果溫度過高的話，可以在盆子外面放一盆冰水隔水降溫，以免等一下加入的鮮奶油會因溫度過高而融化。

4 鮮奶油打到 6 分發後加入起司糊裡拌勻。

＊鮮奶油以動物性鮮奶油為佳，口感較好且無甜份。打發度則以六分發為最理想，不要打太發以免過於軟爛。

＊拌勻起司糊應為濃稠狀，如果是稀稀的，就是乳酪糊的溫度還太高時就加鮮奶油的結果。

5 模型底部先墊上一片蛋糕，刷上一層咖啡酒，倒入一半拌好的慕斯，上面放上一片蛋糕，再刷上一層咖啡酒，再倒入剩餘的餡料。最後在上面灑一層可可粉，放入冰箱中冰冷即可。

お茶の伴

厚底蛋塔

熱熱的吃、冰冰的吃、樸實的美味。

10個

蛋塔模

● 塔皮材料

無鹽奶油 110 克、蛋 40 克、糖粉 60 克、鹽 1/4 茶匙
高筋麵粉 60 克、低筋麵粉 105 克、奶粉 8 克

● 內餡材料

鮮奶 170 克、細砂糖 80 克、鹽少許、蛋白 75 克、蛋黃 75 克

● 準 備　糖粉、麵粉和奶粉過篩、烤箱預熱 185℃

● 做 法

1 塔皮作法：糖粉、奶油和鹽一起放入盆中，用打蛋器打軟。蛋分 2 次加入，攪拌均勻。高筋麵粉、低筋麵粉和奶粉混合加入，輕輕拌勻。拌好的塔皮放入冰箱鬆弛 30 分鐘。拿出後取一小塊放入塔模中，用兩手拇指慢慢壓，由底部往上壓，記得厚度不要太厚，否則口感會不好。

2 內餡做法：材料全部拌均勻後，用細篩網過篩。

3 內陷倒入塔皮中約 8 分滿，放入預熱好的烤箱中，以 185℃烤約 25 分鐘。

烤鹹派

お茶の伴

偶爾換換口味，來點鹹口味也不賴！

1個

8吋菊花派盤

● 塔皮材料

無鹽奶油 120 克、糖粉 80 克、鹽 1/4 茶匙、蛋 50 克、低筋麵粉 200 克

● 內餡材料

罐頭洋菇 100 克、青蔥 20 克、火腿 100 克、比薩乳酪 100 克、胡椒粉少許、蛋 100 克、鮮奶油 120 克、鮮奶 120 克、低筋麵粉 120 克

● 準 備　糖粉和麵粉過篩、烤箱預熱 180℃

● 做 法

1 奶油、糖粉和鹽放入盆中，用打蛋器打鬆發，蛋液分兩次加入，攪拌均勻。加入麵粉拌勻，絕對不要搓揉，已免出筋影響塔皮口感。拌好的麵糰靜置半小時以上。取一小塊麵糰，戳長條放入派模的邊緣，用拇指按壓、將麵皮均勻的壓貼在派盤邊邊，再取一塊麵皮放入底部壓扁，不要太厚，用切麵刀將多餘的麵皮削去。

2 洋菇切薄片、蔥切成蔥花、火腿和乳酪，加入少許胡椒粉，全部拌勻，將拌好的餡料均勻地放入整形好的派模中。

3 蛋、鮮奶油、鮮奶和麵粉全部拌勻後，倒入派模，放入預熱好的烤箱中，以 180℃烤約 25 分鐘。

お茶の伴

法式鹹派

享受法式鄉村閒情。

8吋菊花派盤

● 派皮材料

低筋麵粉 270 克、奶油 150 克、鹽 1/4 小匙、水 130 克、蛋液適量

● 內餡材料

雞胸肉 1 個、洋蔥 1/2 個、馬鈴薯 1 個、培根 3 片、奶油 20 克、麵粉 3 大匙、鹽和胡椒粉適量

● 準 備　麵粉過篩、烤箱預熱 210℃

● 做 法

1 麵粉過篩在乾淨的桌上，加入糖、鹽以及奶油，用切麵刀將奶油切成黃豆般大小，和麵粉充分混和，慢慢加入冰水，輕輕拌勻，切勿搓揉以免出筋，導致烤焙過程中過度收縮。拌好的麵糰用塑膠袋包好，放進冰箱冷藏 1 小時以上。

2 將冰好的麵糰取出，用擀麵棍擀成 0.3 公分厚，擀好的麵皮用擀麵棍捲起，鋪在派盤上壓平，用切麵刀將多餘的麵皮削掉。

3 馬鈴薯煮熟趁熱剝去外皮，切小丁，雞胸肉、洋蔥切小丁，培根切約 1 公分寬。

4 用奶油炒香培根，加入洋蔥丁炒軟，再加入雞肉炒熟，炒好的餡料先盛出來，鍋中加入麵粉，炒到看不見乾粉，加少許水煮到濃稠，再將材料倒回去拌勻，加入鹽和胡椒調味，放入派盤內，放入預熱好的烤箱中，以 210℃烤約 30 分鐘。

お茶の伴

杏仁酥

輕輕鬆鬆、餅乾自己動手做。

20片

● 材 料

低筋麵粉 140 克、糖粉 70 克、鹽 1/4 茶匙、無水奶油 120 克
杏仁角 80 克、杏仁粒 20 顆

● 準 備

糖粉和麵粉過篩、烤箱預熱 180℃、不沾布與烤盤

● 做 法

1 低筋麵粉、糖粉和鹽混合，加入杏仁角拌勻。

2 將奶油加入作法 1 中，用手輕輕抓拌均勻，做成麵糰。

3 將麵糰分小塊，搓圓略微壓扁，放在舖有不沾紙的烤盤上，上面再裝飾一顆杏仁粒即可。

4 放入預熱好的烤箱中，以 180℃烤約 20 分鐘。

杏仁瓦片

お茶の伴

一片一片接一片的香脆口感。

20片

● 材 料

蛋白 2 個、糖粉 80 克、低筋麵粉 30 克、杏仁片 200 克
融化奶油 30 克

● 準 備

糖粉和麵粉過篩、烤箱預熱 175℃、不沾布與烤盤

● 做 法

1 糖粉加入蛋白，用打蛋器打至糖粉融化（不需要打發）。再加入麵粉拌勻。

2 加入杏仁片，改以刮刀拌勻，將盆邊要刮淨。

3 加入融化的奶油，拌勻，放入冰箱冰約 1 小時。

4 用湯匙挖一大匙杏仁麵糊放在不沾布上，用叉子慢慢推開成薄片狀，杏仁片稍有些重疊，但不要 2 片或 3 片黏在一起；太厚了烤好後會影響到脆度。放入預熱好的烤箱中，以 175℃烤 12 ～ 15 分鐘或烤到金黃色。

5 出爐後放在架子上放涼，還有一點點餘溫時，就放入保鮮盒密封保存，以免受潮軟化。

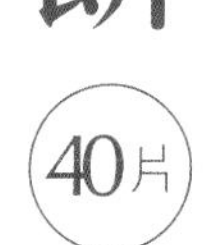

● 材 料

奶油 120 克、糖粉 80 克、鹽 1/4 茶匙、花生醬 100 克、蛋 1 個
低筋麵粉 150 克、燕麥片 180 克、核桃丁 50 克

● 準 備

糖粉和麵粉過篩、烤箱預熱 185℃、不沾布與烤盤

● 做 法

1 奶油、糖粉、鹽和花生醬放入盆中，用打蛋器打勻。

2 蛋分 2 次加入，仔細拌打均勻。再加入麵粉拌勻。

3 燕麥片和核桃丁全部加入麵糊中攪拌均勻。

4 將麵糰分成每個約 15 ～ 20 克重，稍微搓圓後再壓扁，放在舖有不沾布的烤盤上，放入預熱好的烤箱中，以 185℃烤約 20 分鐘。

第一次用擠花袋，不難。

● 材 料

無鹽奶油 140 克、糖粉 80 克、鹽少許、全蛋 1 個、奶水 1 大匙
中筋麵粉 210 克

● 器 具　擠花袋和花嘴

● 準 備　糖粉和麵粉過篩、烤箱預熱 180℃、不沾布與烤盤

● 做 法

1 糖粉加入奶油和鹽用打蛋器打發，蛋分 2 次加入打勻，最後加入奶水慢慢打勻。

2 中筋麵粉過篩加入，輕輕拌勻。

3 將麵糊裝入放有尖齒花嘴的擠花袋中，擠在舖有不沾紙的烤盤上，擠成長條，以 180℃烤約 15 ～ 18 分鐘。

お茶の伴

冰沙餡餅

10個

● 油皮材料

中筋麵粉 70 克、高筋麵粉 30 克、細砂糖 20 克、奶油 40 克、水 40 克

● 油酥材料

低筋麵粉 80 克、奶油 40 克

● 內餡材料

白豆沙 400 克

● 準 備

麵粉過篩、烤箱預熱 180℃、烤盤抹油

● 做 法

1 油皮的材料揉成麵糰，蓋上保鮮膜鬆弛 20 分鐘，油酥的材料拌均勻。

2 將油皮和油酥各分成 10 等分，拿一分油皮包入一份油酥，包密後用擀麵棍擀成長條狀後捲起來，轉一個方向再次擀成長條狀，鬆弛 10 分鐘。

3 鬆弛好的麵糰壓扁擀成圓型，放上一分豆沙，包緊接口朝下，放入預熱好的烤箱內，以 180℃烤約 25 分鐘，烤到側邊摸起來有彈性即可。

薰衣草餅乾

許我一個充滿香氣的午後。

お茶の伴

50個

● 材 料

無鹽奶油 240 克、糖粉 180 克、蛋黃 45 克、杏仁粉 70 克
低筋麵粉 350 克、薰衣草 10 克

● 準 備

糖粉、杏仁粉和麵粉分別過篩、烤箱預熱 185℃、不沾布與烤盤

● 做 法

1 糖粉和蛋放入打蛋盆中用打蛋器打發。

2 加入蛋黃繼續打勻。

3 麵粉和杏仁粉過篩和薰衣草一起加入輕輕拌勻。

4 將拌好的麵糰整形成圓筒狀，用烤盤紙包好放入冰箱冷藏冰硬。

5 冰硬的麵糰切成薄片，整齊排放在烤盤上，以 185℃烤約 20 分鐘。

加入酒香，來點成人的味道。

● 材 料

奶油 120 克、糖粉 100 克、鹽少許、蛋 1 個、蛋黃 1 個
蘭姆酒 1 大匙、低筋麵粉 225 克、不融化巧克力豆 100 克

● 準 備

糖粉和麵粉過篩、烤箱預熱 185℃、不沾布與烤盤

● 做 法

1 奶油、鹽和糖粉放入盆中拌勻。

2 蛋和蛋黃分次加入奶油糊中，仔細拌打均勻，加入蘭姆酒拌勻。

3 麵粉過篩，加入拌勻。最後將巧克力豆加到麵糊中，輕輕拌勻。

4 用湯匙將麵糰挖到舖有不沾布的烤盤上。手指沾水，把麵糰稍稍整形好再壓扁。以 185℃烤約 20 分鐘。

お茶の伴

手指巧克力

脆度十足、口感滿點。

50個

● 材 料

細砂糖 160 克、蛋 125 克、鹽 1/2 小匙、中筋麵粉 220 克
可可粉 30 克、杏仁粒 100 克

● 準 備

麵粉過篩、烤箱預熱 185℃、不沾布與烤盤

● 做 法

1 打發糖、鹽和蛋。加入麵粉和杏仁粒拌勻。

2 拌好麵糰在不沾布上整型成大長條，略微壓扁，放入已預熱的烤箱以 185℃烤約 30 分鐘。

3 將烤好的餅乾取出，略為放涼，趁熱用鋸尺刀切成薄片，整齊排放在烤盤上再以 150℃烤 10 分鐘，翻面再烤 10 分鐘，將水分烤乾即可。

お茶の伴

碎巧克力

濃情巧克力的甜蜜滋味。

20個

● 材 料

奶油 90 克、細砂糖 50 克、鹽 1/4 小匙、低筋麵粉 100 克

泡打粉 1/4 小匙、可可粉 15 克、牛奶巧克力 75 克

● 準 備

麵粉和可可粉過篩、烤箱預熱 185℃、不沾布與烤盤

● 做 法

1 奶油和鹽放入盆中，加入細砂糖用打蛋器打發。

2 加入過篩粉類輕輕拌勻。

3 牛奶巧克力切碎，加入作法 2 輕輕拌勻。

4 用湯匙將麵糰挖到舖有不沾布的烤盤上。手指沾水，把麵糰稍稍整形好。以 185℃烤約 20 分鐘。

お茶の伴

冰箱核桃

事先做好冰起來，想吃隨時烤真方便！

40個

● 材 料

奶油 100 克、細砂糖 70 克、鹽少許、蛋黃 1 個
濃縮咖啡 2 大匙、低筋麵粉 220 克、核桃 120 克

● 準 備

麵粉過篩、烤箱預熱 185℃、不沾布與烤盤

● 做 法

1 奶油和鹽放入盆中，加入細砂糖用打蛋器打發，加入蛋黃繼續打發。

2 咖啡液慢慢加入拌勻。

3 加入麵粉和核桃輕輕拌勻。

4 將拌好的麵糰整形成方型長條狀，用烤盤紙包好放入冰箱冷藏冰硬。

5 冰硬的麵糰切成薄片，整齊排放在烤盤上，以 185℃烤約 20 分鐘。

お茶の伴

香檸蛋糕

周末的早午餐在檸檬香中展開。

1個

20×10×7cm

● 材 料

細砂糖 130 克、鹽 1/4 小匙、無鹽奶油 80 克、蛋白 3 個
鮮奶 30 克、低筋麵粉 120 克、檸檬汁 1 大匙、檸檬皮 1 個

● 準 備

麵粉過篩、烤箱預熱 160℃、烤模塗油、檸檬皮刨削。

● 做 法

1 用打蛋器打發糖、鹽和奶油。打散蛋白備用。

2 打發奶油，蛋白分 5～6 次加入一起打發。

3 加入鮮奶、檸檬汁和檸檬皮削拌勻。

4 加入過篩麵粉，拌勻成麵糊，倒入模型中以以 160℃烤約 60 分鐘，出爐後立刻移出烤模放涼。

お茶の伴

鳳莓酥

來點蔓越莓，鳳梨酥創意變身。

● 材 料

無鹽奶油 110 克、鹽 1/4 茶匙、乳酪粉 10 克、糖粉 60 克
奶粉 10 克、蛋液 45 克、低筋麵粉 170 克、鳳梨醬 370 克
蔓越莓 115 克、奶油 15 克

● 準 備

麵粉、奶粉和糖粉分別過篩、烤箱預熱 175℃、烤盤抹油

● 做 法

1 鳳梨醬和蔓越莓、15 克奶油揉勻，分成每個 25 克重，把鳳梨餡搓圓。

2 糖粉和奶粉混合過篩，加奶油、鹽和乳酪粉一起放入盆中，用打蛋器打發到顏色變白。蛋分 3 次加進去，繼續拌打均勻。

3 低筋麵粉過篩，加入奶油糊中輕輕拌勻，拌好的麵糰放進冰箱冷藏 2 小時以上，操作時較不黏手。

4 麵糰分成每個 20 克重，稍稍壓扁，放入一個鳳梨餡，包好，鳳梨餡盡量不要露出來。放入鳳梨酥模中壓緊，四個角要壓平，整齊排放在烤盤中，放入預熱好的烤箱內，以 175℃烤 15 分鐘後翻面再烤 8 分鐘，到兩面都成金黃色，即可取出，待稍涼後脱模，放至完全涼透。

蛋黃酥

お茶の伴

不必等節日到來，想吃隨時自己動手做。

10個

● 油皮材料

中筋麵粉 100 克、奶油 40 克、細砂糖 10 克、水 40 克、蛋液適量、芝麻少許

● 油酥材料　低筋麵粉 100 克、奶油 50 克

● 內餡材料　鹹蛋黃 10 個、烏豆沙 200g

● 準 備　麵粉過篩、烤箱預熱 180℃、烤盤抹油

● 做 法

1 油皮的材料揉成麵糰，蓋上保鮮膜鬆弛 20 分鐘，油酥的材料拌均勻，蛋黃噴上少許米酒放入烤箱中，以 10℃烤約 15 分鐘。

2 將油皮和油酥各分成 10 等分，拿一分油皮包入一份油酥，包密後用擀麵棍擀成長條狀後捲起來，轉一個方向再次擀成長條狀，鬆弛 10 分鐘。

3 鬆弛好的麵糰壓扁擀成圓型，放上一分豆沙和一個蛋黃，包緊接口朝下，刷上一層蛋液，點綴一些芝麻，放入預熱好的烤箱內，以 180℃烤約 25 分鐘，烤到側邊摸起來有彈性即可。

橙香起司派

1個　8吋菊花派盤

檸檬皮讓起司派增色、添香。
切記不要用到白色部分以免變苦。

● 派皮材料

無鹽奶油 120 克、糖粉 80 克、鹽 1/4 茶匙、蛋 50 克
低筋麵粉 200 克

● 內餡材料

奶油起司 300 克、蛋黃 4 個、細砂糖 60 克、吉利丁 5 片
柳橙汁 150 克、檸檬汁 1 大匙、鮮奶油 150 克、檸檬皮屑 1 個

● 準 備

室温軟化奶油起司、泡軟吉利丁、檸檬皮刨削

● 做 法

1 製作派皮：奶油、糖粉和鹽放入盆中打發，蛋液分兩次加入，攪拌均勻。加入麵粉拌勻，拌好的麵糰靜置半小時以上。取一小塊麵糰，戳長條放入派模的邊緣，用拇指按壓、將麵皮均勻的壓貼在派盤邊邊，再取一塊麵皮放入底部壓扁，用叉子搓幾個小洞，再用切麵刀將多餘的麵皮削去。派皮放入預熱烤箱以 180℃烤 15 分鐘取出放涼。

2 奶油乳酪用打蛋器打軟。蛋黃和糖放入盆中，隔水加熱到 85℃，（達到蛋黃殺菌的溫度）；趁熱加入泡軟的吉利丁拌融化。

3 將打軟的奶油乳酪加入蛋黃鍋中拌勻，加入柳橙汁、檸檬汁和檸檬皮屑拌勻。

4 將鮮奶油打成六分發，加入拌勻，即成內餡。

5 拌好的內餡放入冰硬的派皮內抹平表面，撒上檸檬皮屑，放入冰箱冷藏約 2 ～ 3 小時，再取出切片。

お茶の伴

咖哩餃 (10個)

自己炒的內餡更健康。

● 油皮材料

中筋麵粉 150 克、細砂糖 15 克、鹽 2 克、奶油 60 克、水 60 克

● 油酥材料

低筋麵粉 130 克、奶油 65 克

● 內餡材料

絞肉 200 克、洋蔥丁 80 克、咖哩粉 10 克、鹽適量、水 40 克
玉米粉 4 克、糖少許、吐司麵包皮切丁 40 克

● 準 備

麵粉過篩、烤箱預熱 180℃、烤盤抹油

● 做 法

1 玉米粉加水調勻後，加入麵包丁泡軟。

2 起油鍋炒香洋蔥丁，加入絞肉炒熟後，加入咖哩粉炒香，再將泡軟的麵包加進去，加入鹽調味後慢慢炒乾，取出放涼備用。

3 油皮的材料揉成麵糰，蓋上保鮮膜鬆弛 20 分鐘，油酥的材料拌均勻。

4 將油皮和油酥各分成 10 等分，拿一分油皮包入一份油酥，包密後用麵棍擀成長條狀後捲起來，轉一個方向再次擀成長條狀，鬆弛 10 分鐘。

5 鬆弛好的麵糰壓扁擀成圓型，包上適量內餡，對摺成半圓型後，將邊緣略微壓扁，用車輪刀切去邊緣，上面刷一層蛋液，點綴一些芝麻，放入預熱好的烤箱內，以 180℃烤約 25 分鐘。

お茶の伴

芋頭酥

中式名產自己做，得意。

5個

● 油皮材料　中筋麵粉 10 克、奶油 40 克、細砂糖 10 克、水 40 克

● 油酥材料　低筋麵粉 120 克、奶油 60 克

● 內餡材料　奶油芋頭餡 450 克

● 準 備　麵粉過篩、烤箱預熱 180℃、烤盤抹油

● 做 法

1 油皮的材料揉成麵糰，蓋上保鮮膜鬆弛 20 分鐘，油酥的材料拌均勻。

2 將油皮和油酥各分成 5 等分，拿一分油皮包入一份油酥，包密後用擀麵棍擀成長條狀後捲起來，轉一個方向再次擀成長條狀，鬆弛 10 分鐘。

3 鬆弛好的麵糰從中間橫切成 2 份，切口朝上壓扁擀成圓型，擀好的麵皮反過來接口向下包入一份芋頭餡，包緊接口朝下，放入預熱好的烤箱內，以 180℃烤約 25 分鐘，烤到側邊摸起來有彈性即可。

お茶の伴

脆皮巧克力

吃得到顆粒感的巧克力餅乾！

20片

● 材 料

蛋白 40 克、糖粉 40 克、鹽 1/4 小匙、可可粉 20 克、杏仁角 100 克

● 準 備

糖粉和可可粉過篩、烤箱預熱 180℃、不沾布與烤盤

● 做 法

1 蛋白、鹽和糖粉放入盆中攪拌到糖粉溶化，加入可可粉拌勻。

2 加入杏仁角拌均勻，放入冰箱冰約 2 小時。

3 用湯匙將拌好的餡料挖到舖有不沾布的烤盤上，手指沾水將餡料壓平，放入預熱好的烤箱中，以 180℃烤約 20 分鐘。

烤箱100

作　　者 / 鄭燕雪
發 行 人 / 程安琪
總 策 劃 / 程顯灝
總 編 輯 / 潘秉新
主　　編 / 陳霓瑩
攝　　影 / 蕭維剛
美　　編 / 王欽民
封面設計 / 王欽民

出 版 者 / 橘子文化事業有限公司
總 代 理 / 三友圖書有限公司
地　　址 /106 台北市安和路 2 段 213 號 4 樓
電　　話 / (02) 2377-4155
傳　　真 / (02) 2377-4355
E-mail /service @sanyau.com.tw
郵政劃撥：05844889 三友圖書有限公司

總 經 銷 / 貿騰發賣股份有限公司
地　　址 / 新北市中和區中正路 800 號 14 樓
電　　話 / (02) 8227-5988
傳　　真 / (02) 8227-5989

初　　版 / 2011 年 5 月
定　　價：新臺幣 350 元
I S B N：978-986-6890-97-0 (平裝)